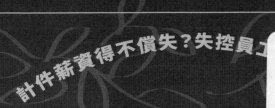

計件薪資得不償失？失控員工

U0034295

管理學
哪有這麼雞肋

十六位管理學大師用最詼諧的語言
制止老闆親力親為

Victor Vroom

Peter Drucker

張楠・著

不談空泛理論 ✕ 課堂手法講解知識 ✕ 有趣的管理現象
專業術語化繁為簡 ✕ 解析管理學理論 ✕ 幽默漫畫插圖

公司、組織、團隊乃至人與人之間的關係

★ 簡單讀懂，隨機應用，管理學助你創造奇蹟！ ★

目錄

目錄

目錄

目錄

序言

　　很多做企業的人都會問，企業到底是什麼？為什麼有人擁有豐厚的財力物力，卻做不出一個強大優秀的企業？為什麼有人做了很多年的企業，卻依舊對企業的概念非常模糊？

　　究其原因，就是因為他們不懂得對企業進行管理。企業是一個完整的系統，這個系統有兩個根本的任務：賺錢和管理。

　　隨著當今社會的不斷發展，企業管理方法也成為各大公司競爭的重要項目。越來越多的企業管理者都將目光集中到了企業管理上。

　　現代企業的競爭，說到底就是管理方面的競爭。企業管理是一門科學，其最終目標就是實現企業的飛速發展，開創企業與員工互利共贏的局面。

　　擁有健全的企業管理制度，就能在日益殘酷的企業競爭中站穩腳跟。企業管理不但能讓企業的運作效率大大提高，還能樹立企業積極健康向上的形象，同時還能規範企業的行為，充分激發員工的潛能，滿足客戶的需求。

　　一個企業要想做大做強，企業管理是必不可少的行為和手段。從各大企業多年的實踐經驗可以得出，使用健全的管理方式來管理企業，對規範企業、提高競爭力有很大的成效。換言之，企業制度化的管理模式就是未來企業的發展方向。

　　為了能讓讀者更能了解管理學，本書介紹了當前企業中普遍存在的問題，同時穿插了大量案例與圖示，給出了解決案例中問題的方法，力圖讓讀者能對企業中的管理問題做到「有則改之，無則加勉」。

其實，了解管理學並不難。管理學也可以變得妙趣橫生。本書就是這樣一本通俗的大眾管理學讀物。

本書能夠引導每一位讀者入門。不管你是對管理學略知一二，還是根本就是零基礎，本書都能幫助你更好地學習管理學。

本書包含了管理學基礎原理、科學管理、目標管理、智慧管理、控制管理、激勵管理、人際關係管理、決策管理、人力資源管理、組織文化管理、經理人價值管理、全球環境團隊管理、營運管理、多樣性管理和領導行為管理等內容，可以說是包羅萬象，是管理學愛好者的福音。

現代企業對傳統管理學提出了新的挑戰，因此，對新出現的管理方面的問題，本書也為讀者們作出了詳細的解讀。這是新形勢下讀者們的需求，也是我們對管理學的延伸和拓展。

此外，本書還有六大特色：不談空泛的理論，以實用性為主；採用課堂手法，講解管理學知識；給出有趣的管理現象；將管理學專業術語化繁為簡；深入淺出地解析管理學理論；配以圖片，讓讀者更容易理解管理學內容。

這本書的重點不在於教授讀者那些深奧的理論，或者讓讀者學習繁雜的知識來分析管理學現象和問題，而在於逐步引導讀者，讓讀者能像管理學家那樣思考，用管理學家的思維去思考問題，用管理學內容去解決問題。下面，就讓我們與 16 位國際管理學大師一起，展開一場奇妙的管理學之旅吧！

引言

　　李彬跟杜偉男在 R 市合資開了一家銀河飯店。兩個人生意做得很大，銀河飯店很快就成了 R 市的第一大飯店，下面還增設了銀河賓館、銀河超市和銀河洗浴中心等。

　　隨著生意越做越大，管理問題成了讓李、杜二人頭痛不已的事情。家大業大，總不能什麼都讓兩位老闆親力親為吧？可是如果下放權力給手下，這個下放權力的分寸也不好掌握。

　　看著兩位老闆整日眉頭深鎖，杜偉男的祕書提議道：「杜總，我們銀河公司已經是 R 市最大的企業，二位老闆若想百尺竿頭更進一步，何不去學學管理？考個 MBA ？」

　　杜偉男眉頭一皺：「你算是說到我心裡了，公司越做越大，以前那套管理方法肯定是不行了，我跟李總本想高薪聘幾個人才來公司，可是來的人都是徒有虛名，根本不懂管理。李總之前抽時間去國外學了學管理，結果也是完全不符合公司的需求。考 MBA，我們哪有時間？」

　　祕書賠著笑臉道：「杜總，我聽說我們市的 R 大開了管理班，學生和社會人士都可以去試聽。要不然，我先替您去聽兩節？」

　　杜偉男點了點頭，同意了祕書的要求。祕書剛要出門，杜偉男突然又叫住了他：「等等，管理學一直是 R 大的熱門科系，R 大又是我跟李總的母校，李總去談生意了，這次我就親自去吧。你把車準備好。」

　　來到 R 大，杜偉男順著指示牌來到了 A101-102 禮堂。這裡跟自己在校時相比沒什麼變化，只是周圍的面孔都變得更加青春朝氣了。

　　杜偉男一邊在心裡感慨著，一邊找到位置坐定。禮堂的舞臺左側擺

著一個褐色的演講桌,桌上擺著一個復古精緻的咖啡壺和一隻精美的咖啡杯。

「這位演講人還滿有品味的嘛。」杜偉男打量著咖啡杯,暗自思忖。

這時,一位身穿棕色西裝、打著暗紅色領結、花白鬍子被修剪出漂亮弧度的外國老人緩緩走上演講臺,他輕輕拍了拍麥克風試音,口氣輕鬆地說道:「嘿,嘿,喂?」

下面坐著的觀眾全都傻眼了,因為對於管理學專業的學生們來說,講臺上的這位演講者可太眼熟了,幾乎每個學生的心裡都有了一個響亮的名字。

「這,這是⋯⋯」一個學生結結巴巴地自語道,杜偉男也跟著倒吸了一口涼氣。

「⋯⋯法約爾(Henri Fayol)?」

第一章
亨利 · 法約爾導師主講「管理過程」

本章透過四個小節的講解，完整解釋亨利·法約爾的管理精髓。同時，作者使用幽默詼諧的文字，為讀者們營造出了一種輕鬆愉快的氛圍。從而讓讀者能在愉悅的氛圍中，提高自己的管理能力。本章適用於所有渴望了解管理過程並希望提高自身管理能力的讀者。

亨利・法約爾

　　(Henri Fayol, 1841-1925)，古典管理理論的主要代表人物之一，也是「管理過程」學派的創始人。法約爾出生在法國的一個富裕的中產階級家庭中，在 19 歲畢業時便取得了礦業工程師資格。在他漫長而成績卓著的經營生涯中，法約爾一直沒有停下鑽研管理學的腳步。

　　在現代管理中，法約爾的「十四條原則」和「五要素」已經被當成了普遍遵循的準則。他這個管理理論的提出也成為管理史上的里程碑事件。法約爾的「原則」和要素，與泰勒（Frederick Taylor）的「哲學」和方法共同構成了古典管理理論的基礎。

第一節　管理人的代名詞是「萬能」？

　　「大家好，我是亨利・法約爾（Henri Fayol），想必不少人都聽過我的名字吧？」法約爾導師略帶自豪地跟大家打著招呼。

　　「當然！」杜偉男暗自想道：「企業管理系的走廊上貼的都是你的畫像！」

　　法約爾導師似乎看穿了大家的想法，於是笑瞇瞇地說道：「作為一名資深的管理者，我想跟在座的各位分享一點自己的經驗。願意來聽我講課的，不是企業管理者，就是未來的企業管理者，因此，我想把自己的心得講述給在場的各位聽。」

　　看著大家從驚訝到接受，再從接受到側耳傾聽，法約爾導師滿意地說道：「很好，我想在正式開講之前，先請大家思考一個問題 —— 管理者的

角色到底重不重要？」

「重要啊！」、「當然重要！」下面的觀眾紛紛說道。

法約爾導師等大家說得差不多了，才一錘定音：「沒錯，管理者的角色是非常重要的 —— 不如說，管理人的代名詞就是『萬能』（如圖 1-1 所示）！」

杜偉男被法約爾導師的言論嚇了一跳，暗想：「管理者的角色竟然這麼重要？」

看著大家面面相覷，頗為心虛的樣子，法約爾導師再次肯定道：「大家不要覺得我在危言聳聽，這樣問吧，在座的各位有開公司的嗎？」

圖 1-1 管理人的代名詞是「萬能」

杜偉男舉起手來，法約爾導師點了點頭，說：「我請問你，人事部門運作出現問題，需要由誰負責？」杜偉男略一沉吟，說：「人事部經理負責。」

「如果業務部門出現重大失誤，這個需要由誰負責？」

「由業務部經理負責。」

「那麼，如果一個公司運作出現問題，需要誰負責？」

杜偉男肯定地回答：「當然是我。」

法約爾導師滿意地點點頭：「沒錯，你是個很好的經營者。從我們的對話中，各位也該看出端倪了。不管條件如何、環境如何，管理者都對自己管理的部分負有重要責任。就拿業務部門來說，即便這個重大失誤是由小員工犯下的，那最後承擔後果的，也必須是業務部經理。當然，當業務部門運作良好時，獲得榮譽的也是業務部經理。這一點大家都能認同嗎？」

看著大家頻頻點頭，法約爾導師繼續說道：「一個管理者的素養，就能決定這個部門的素養。因為該部門的組織運作都是由管理者制定的，他們決定了部門應該錄用誰、做什麼事、採用怎樣的決策，因此，他們就要為最後的效率與效益負責。作為部門的中流砥柱，管理者的能力完全可以套用你們中國的一句古話，叫『兵熊熊一個，將熊熊一窩』。」

大家聞言都笑了，杜偉男也暗暗點頭。確實，管理者在公司的作用太大了。而且，他們既然接受了老闆賦予的權力，就應該克服一切障礙，實現公司目標，也該對自己管理部門的成敗後果負責。

法約爾導師看著大家若有所思的樣子，笑瞇瞇地說道：「各位也不要覺得管理者就是來『背黑鍋』的，想一想，如果管理者本身就能力過人，那他能經得起多大的詆毀，就能收穫多大的讚美嘛。就像克萊斯勒汽車公司的董事會主席李・艾科卡 (Lee Iacocca)，他就是因為管理能力過人，而從一個管理者一躍變成了美國的民族英雄！」

確實，沒有幾個學管理的人是不知道艾科卡的。畢竟他跟克萊斯勒公司的故事，一直是管理學界的傳說。在 1970 年代時，艾科卡接管了瀕臨

倒閉的克萊斯勒公司。上任後，他透過削減費用，引進新型小客車等產品，在短短 4 年時間內，就讓公司經營狀況從虧損 17 億美元，轉化為獲得淨利潤 24 億美元！這就是管理的力量。

法約爾導師接著說道：「一般來說，當部門或公司運作不好時，管理人就要承擔起責任，站出來接受批評，解決問題。當然，在運作良好時，獲得最高榮譽、利益的也是管理者。剛才那位開公司的朋友，如果你手下的經理人業績突出，你會怎麼做呢？」

杜偉男想了想：「在精神層面，我會在公司召開表彰大會予以肯定；在物質層面，績效、股票、期權等都是可以當作獎勵發給經理人的。」

法約爾導師笑著點頭：「很好，那如果經理人犯錯，而且是大錯，你會怎麼樣呢？」

杜偉男眉頭一皺：「如果是大錯，且不是因為公司的決策失誤造成的，而是他本身的管理問題造成的，那我可能會直接開除他，再尋找一位新的經理人。（如圖 1-2 所示）」

在選擇管理人時，決策者一定要嚴加把關，當管理人出現原則問題時，決策者需要當機立斷，給公司換一位更合適的管理人。

圖 1-2 選擇管理人

「很好。」法約爾導師點頭肯定道,「其實,我很怕有些經營者存在『婦人之仁』,總給經理人太多機會。相比其他行業,我更喜歡業務這一行,因為做業務的必須要提升能力,要拚命策劃、奔走、遊說,這樣才能為自己爭取生存空間。」

杜偉男聽得頻頻點頭,然後又舉手發問道:「可是,管理下屬永遠都是個讓人頭痛的問題。如果我事事親力親為,那就會把自己累死,我也不是做慈善的,我花錢僱人工作,無非是想讓自己身上的擔子減輕些。可是如果我不親力親為,下面的經理人就會偷懶,經理人偷懶,員工們就會更加懈怠。請問針對這一點,您能給我一些建議嗎?」

「當然可以,我的朋友。」法約爾導師笑著說:「事實上,我正想教給大家一些實際的操作方法,來具體應對公司的管理問題。」

看著大家紛紛拿起筆記,法約爾導師慢條斯理道:「這裡,我就送各位一個『六字管理箴言』——『定』、『核』、『分』、『果』、『糾』、『升』(如圖 1-3 所示)。我們先看『定』,這個『定』是『確定』的意思。也就是說,管理人需要確定下屬的具體工作,用專業術語來說,『定』就是『決策』的意思。我認識很多管理人,他們都喜歡給員工自由,讓他們自己發揮。這就會出現兩種情況,第一種,你的下屬能力很強,也很忠誠,他們能把工作做成你想要的樣子;第二種,你的下屬能力平平,他們能很好地完成你交代的任務,卻沒有自主發揮的能力,這就會造成工作結果的不確定性,也會拖累他們的執行力與機動性。所以,管理人一定確定好決策,然後指定相關要求,讓下屬明白自己現在該做什麼。」

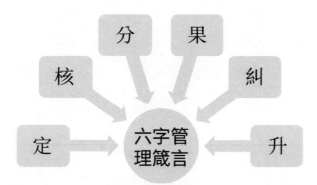

圖 1-3 六字管理箴言

杜偉男跟旁邊學生要了紙筆，正在拚命記著筆記。法約爾導師等大家記得差不多了，然後緩緩開口道:「這第二個字『核』，就是讓管理人核算出工作量所需的時間與人手。專業點來說，『核』就是『計劃』的意思。管理人要盡可能仔細地核算出整體的工作量有多大，然後合理地將工作量安排給每個員工。在制定計劃時，管理人不要想著鍛鍊下屬的能力、培養下屬的短處，而要本著『發揮個人專長，善用個人能力』的原則，讓每個人都能遊刃有餘地完成工作。」

「『分』的意思，就是把剛才核算出的計劃，按照行之有效的方法分配給下屬。這裡要注意，在分配時管理者要做到『責任落實到個人』。也就是說，在分配工作時，每個人都要明確自己的具體任務，也要為自己的任務部分負責。這就避免了成果在出現問題時，各部門各小組互相推諉責任。」法約爾導師正色道。

「至於『果』，就是『結果』的意思，」法約爾導師給自己倒了一杯咖啡，「管理人需要按照年、季、月、週、日的順序，定期上呈這一階段的工作完成情況;『糾』的意思，是糾正、糾偏，就是讓管理人及時省察，及時糾錯;而『升』是『提升』的意思，一方面，員工可以按照以上 5 個

字獲得提升；另一方面，公司的效益效能也會提升。」

杜偉男一邊擦了擦汗，一邊將上述筆記全部記好。

看著大家漸漸落了筆，法約爾導師啜了一口咖啡，然後笑瞇瞇地拋出一個問題。

「各位，你們覺得總經理應該像皇帝一樣，高高在上地坐在辦公室裡？還是要下到基層，讓員工們都看到自己呢？」

第二節　辦公桌前的總經理

法約爾導師的問題一拋出，學生們立刻分成了兩派：一派是建議總經理高高在上的；另一派則是建議總經理下基層的。

杜偉男想了想，自己公司的總經理好像一直都是坐在辦公桌前的。而且，自己也從沒聽過他「下基層」的事情。於是，他也站到了「總經理高高在上」一派。

等大家討論得差不多了，法約爾導師笑瞇瞇地說道：「各位眾說紛紜，乾脆，我們兩邊各派一名代表，來講講管理的理由吧？」

「總經理高高在上」派首先發言，一名剃了平頭的大學男生站起來，振振有詞道：「身為總經理，當然要跟普通員工分開，如果不保持神祕，不高高在上，整天跟員工們嘻嘻哈哈的，誰還會聽你的話啊？」杜偉男聽得頻頻點頭。

話音剛落，「總經理要下基層」派就不樂意了，一位戴眼鏡的女生說道：「未必吧，總經理被架在天上，看到的都是手下想讓你看到的。不下基層，怎麼做員工的表率？不下基層，怎麼跟員工溝通？不下基層，怎麼

看清楚公司現狀？皇帝還得微服私訪呢，何況是總經理！」

　　女生的話立刻引起一陣掌聲，法約爾導師也笑了：「這位女同學真厲害，以後肯定是位很好的管理者。」

　　杜偉男仔細觀察了一下這位女生，心裡暗想：「這麼厲害的女生，以後一定是個很好的女性高階管理人。等下課了要連繫連繫她，爭取把她挖到我們公司來。」

　　法約爾導師等大家討論得差不多了，這才悠悠地說道：「在企業裡，我們雖然常提到領導二字，但領導只能代表管理，卻並不意味著高高在上。如果一個領導者總是自視過高，習慣俯視員工，那員工就會產生壓迫感，從而把更多的心思放在『揣摩聖意』上，而不是放在好好工作上。」

　　杜偉男一思索，確實是這個道理。試想，如果管理者總是一副趾高氣揚的樣子，對員工的工作成果也不鼓勵，反而抱著嗤之以鼻的態度，那員工就會對工作喪失熱情，甚至會因此造成人才流失，畢竟人才比普通員工更注重精神層面的鼓勵。

　　法約爾導師一攤手：「可是，事實上，絕大部分管理者都喜歡給人一種神祕感，在講話和培訓時，也都傾向於『高高在上』，彷彿這樣才能顯示出自己的權威感。更讓我覺得有趣的是，有些員工昨天還只是一名小職員，但今早被主管提拔為幹部之後，態度和口氣就馬上來了個大轉彎，彷彿自己在被提拔的一瞬間就脫胎換骨了一般。」

　　剛才那位很厲害的女生說道：「所以，這就證明了某些主管那種居高臨下的姿態，並不是因為他們能力夠強，也不是因為他們水準的提升，而是來自地位的變化。昨天，兩名同級別員工還一起乖乖站在牆角受訓，今天，其中一名員工被提拔，轉頭就去『訓導』另一位昨天還一同受訓的同伴。這種現象真讓人哭笑不得。」

「是啊，是啊。」法約爾導師感慨道，「其實，習慣俯視管理的領導者們，還是很有必要嘗試一下平視管理甚至是仰視管理的，這樣反而能收到奇效。就像剛才我們說到的員工提幹，試想，你用優越感管理昔日的同伴，他們心裡能平衡嗎？你的話他們又能聽進去多少呢？（如圖 1-4 所示）」

　　法約爾導師繼續說道：「你們想一下，如果主管只是公司的『傳說』，那他們對員工還有威懾力嗎？其實並沒有。相比這些高階主管，員工可能更害怕基層的小官，因為他們才是主宰自己職業命運的人。這樣一來，高階主管的決策就無法保證準確地下達給基層員工，他們也不知道基層有沒有如實貫徹公司的方針，這種坐在辦公桌前的總經理，也只能是派頭有餘，影響力不足了。」

　　「那您的意思是，我們應該把員工『供』起來？」杜偉男皺著眉頭問道。

圖 1-4 習慣「俯視」的總經理

　　法約爾導師搖了搖頭：「我們還是要視情況而定，比如剛才說的員工提拔，如果你立刻翻臉，員工只會對你諸多非議；如果你使用仰視管理，員工又會覺得你被提拔實屬僥倖，也不會真正服你。你可以在平面管理的基礎上，強化自己的權威，具體操作還是要看你自己。再比如一些『空降』的高階主管，他們原本就有高學歷和豐富的經驗。這時，如果他們採用平視管理甚至是仰視管理，員工就會受寵若驚，會覺得自己被領導者重視，以後也就會更加賣力地為企業做貢獻，以回饋領導者的賞識。」

　　杜偉男心悅誠服地表示同意，想了想，自己公司的管理者大部分都習慣了在辦公室裡安然就座，每當有員工前來匯報時，高階主管們也大多是一副頭也不抬的樣子。

　　「法約爾導師，我覺得平視員工就很不錯了，仰視員工沒必要吧，他們工作拿錢，就要服從我們指揮啊。」一個身著高級西裝的男士說道。

　　法約爾導師打量了一下這位男士，說道：「看得出來，你是一個比較驕傲的人。當然，『驕傲』並不是貶義詞。只是，具備驕傲本性的高階主管，更容易看輕自己的下屬，更容易在員工身上挑毛病。」

　　「不是我喜歡挑毛病，而是他們確實能力不如我。」男士自信十足地說道。

　　法約爾導師笑瞇瞇地問道：「哦？是嗎？請問你是從事什麼工作的呢？」

　　「我是網路公司高階主管。」男士一邊說，一邊驕傲地整理了一下領帶。

　　「網際網路我不太懂，那請問，你會敲代碼嗎？」法約爾導師問道。

　　男士一愣，說道：「我是 MBA 碩士，學的是管理，雖然我在網路公司，但我沒必要懂網際網路知識吧。」

法約爾導師搖搖頭，嚴肅地更正道：「你看，雖然你學歷、管理能力都比普通員工強，但是普通員工都懂一點的代碼，你卻連一知半解都做不到，你覺得員工們會真心服你嗎？還有，優秀的領導者要學會下到基層，至少要懂得平視管理。一個在精神層面有驕傲情緒的主管，會誤以為員工工作都只是為了錢，實則不然。至少，對於員工中的人才來說，尊嚴和環境是比薪資更重要的存在。如果你無法給予人才這些，他們就會跳槽去其他企業。這種人才流失是管理者無法承受的，也是企業無法承受的代價。」

男子有些臉紅，卻沒有繼續反駁。杜偉男點了點頭，看來自己回公司後，要跟李彬商量一下裁撤某些高階主管的事宜了。

法約爾導師喝了一口咖啡，說道：「親愛的同學們，我們既然已經明確了主管的正確管理方法，下面一個討論的課題，就是『一個身體不能有兩個腦袋』了。」

第三節　一個身體不能有兩個腦袋

聽到法約爾導師奇怪的問題，同學們一時間沒有反應過來他是什麼意思。

法約爾導師笑瞇瞇地說道：「我們每個人都是靠腦袋作決策的，而且，我們每個人身上只有一個腦袋，對不對？」

這不是廢話嘛。不少同學暗自腹誹，紛紛無語地看著法約爾導師，可杜偉男卻已經知道他想表達什麼了。果然，法約爾導師說道：「企業就像是我們的身體，我們可以用手做事，用腿奔跑，也可以參考很多資訊資料，但最後，作決策的都只有我們的腦袋。換句話說，腦袋於身體，就像管理

者於企業，我們可以聽取很多意見，但最終拍板作決策的人只能有一個。」

「這，」又是剛才那個穿高級西裝的男士，「這有點武斷了吧，一個人管所有事情？那他又要層層開會，又要到各個場合講話，又要去各個廠區檢查？不說別人，我一年開的會，大大小小就有上百次，多的時候，我一天就要開四五個會，有時候還要跨北京 - 深圳開視訊會議。噢，對了，還有檢查。我不光要檢查別人，也要迎接上級檢查。一批又一批，我根本就應接不暇、疲於應對。如果像您說的，那這些『一把手』（最高領導者）乾脆不要吃飯睡覺了。」

法約爾導師看著男士，和顏悅色地說道：「這位朋友，我剛才並沒有說，所謂的『一把手』要大包大攬。我是說，作決策的人只能有一個，要知道，作決策和大包大攬是兩回事。」

男士說道：「可是，您想一想，有些會議和演講都必須要『一把手』出面不可，如果『一把手』不去，就顯得企業不重視這個會議和演講，也無法體現出這些會議、活動的規模和意義，不是嗎？」

「當然，你說的對，但是你還是沒有理解我的意思。」法約爾導師說道：「像你剛才說的這些，其實領導者都可以做，對嗎？就拿你們國家封建王朝的政府管理舉例，在戶籍管理方面，戶部尚書就是最大的主管；在人事選拔方面，吏部尚書就是最大的主管；如果有祭祀等重大禮儀活動，那主持事宜的肯定是禮部尚書。因此，禮部尚書、吏部尚書、戶部尚書、兵部尚書這些『高階主管』都是不可缺少的，可是最後作決定的是誰呢？是皇帝。皇帝可以把自己權力的一部分下放給這些管理者，讓他們去開會、演講、主持活動，但最終作決策的，只能是皇帝自己。你可以回想一下，有哪個政府機構運作順暢的封建王朝，是有兩個皇帝的？」

男士恍然大悟，心悅誠服地閉上了嘴。

法約爾導師繼續說道：「但是剛才這位朋友說的沒錯，其實，『一把手』跟正常人一樣，他也是需要吃飯睡覺的。什麼都交給他做，他哪有那麼多時間呢？所以，作決策的人一定要學會劃分責任，也要學會適當下放權力。想想三國時期的蜀國丞相諸葛亮，不就是因為凡事親力親為，不肯下放權力給姜維，才導致蜀國後期無治國大才嗎？如果他能適當下放權力給下面的人歷練，想必歷史就有可能改寫了。」

「嘩，這個老外還知道中國歷史呢！」杜偉男想道。不過，為了減少不必要的時間浪費，為了減輕自己的負擔，也為了企業的長足發展，「一把手」確實需要選出幾個能讓自己放心的「二把手」，再由「二把手」選出下面幾個輔助的「多把手」，層層落實命令，層層肩負責任。這對於下屬來說是一種鍛鍊，對於主管來說也是一種減輕負擔。

「可是，決策這種事情，不是應該商量之後再進行嗎？」一個女生怯怯地舉手問道。

法約爾導師說道：「作決策前當然要商議討論，尤其是作重大決策，更是要舉行幾次會議慎重討論。但是，只能由最高掌權者作出最後的決策。我們都知道，現在企業管理都講求責任落實到人。比如在操作機器時，因員工操作不當而造成損失，這個責任需要由員工及員工的上一級主管來承擔。而決策者是為公司承擔責任的，如果這個決策經過討論並實施後，被證實是個錯誤的決策，那責任是要由決策者來承擔的，跟之前提建議的人和底下人都沒有關係。」

女生依舊有些迷惑：「可是，法約爾導師，如果有兩個最高決策者，那麼作決策時也會更公平一些吧？就算決策失誤，也可以每人負一半的責任，這樣不是更好嗎？」

「太天真了。」杜偉男聽著女生的話，搖了搖頭。

看見杜偉男的樣子，法約爾導師笑瞇瞇地說道：「這位朋友好像有不同看法，不妨站起來談一談？」

杜偉男猶豫了一下，還是站起來說道：「如果一個公司出現兩個最高決策者，那麼對於基層來說，就等於出現了兩個組織。通俗點說，這兩位手裡的權力都是一樣的，兩個都是『佛』，少拜了哪位都不行。這時候，員工們想的第一件事就不是怎麼把工作做好，而是怎麼選邊站對自己才是最有利的。（如圖 1-5 所示）如果你站錯邊，那麼毀的就是你的前途；如果不選邊站，那你就是風箱裡的老鼠 —— 兩頭受氣。而且，當公司討論出決策時，兩位的意見統一倒還好說，如果不統一，公司就要浪費大量的時間在開會辯論上。要知道，世界上最難的事之一，就是把自己的想法放在別人大腦裡。更何況，這兩位不但要有理有據地說服對方，還要考慮自己在員工中的威信與面子。這時候，有些主管明知道自己的決策不對，但還是會咬死了不改口，與另一位主管針鋒相對。畢竟有時候，面子是凌駕於正確決策之上的。」

圖 1-5 不能有兩個「一把手」

「說得好。」法約爾導師笑著鼓起掌來，在座的其他人也紛紛鼓起了掌。那位提問的女生佩服地看了一眼杜偉男。杜偉男對她點頭示意了一下，然後重新坐到了座位上。

法約爾導師問杜偉男道：「你既然是開公司的，在管理方面也有一些獨到的見解，那麼，我想問你一個問題。」

「您請問吧。」杜偉男往前傾了傾身子。

「如果你的員工不遵守公司的規章制度，你會怎麼辦？」法約爾導師笑瞇瞇地說道。

第四節　員工不守紀律怎麼辦

杜偉男無論如何，也沒想到法約爾導師會提出這樣一個問題，但他還是如實說道：「如果員工不遵守公司的規章制度，那就要按照相應的獎懲制度，對其進行處罰。」

「沒錯，可是，如果你們公司的員工明知公司的規定，卻不遵守呢？或者說，大家都不遵守企業規章制度呢？畢竟法不責眾。」法約爾導師繼續問道。

「那就證明企業的管理不到位。管理者本人無視規定，導致上行下效；員工有錯不罰，有功不獎，導致規章制度形同虛設。所以，如何正確貫徹和落實企業的規章制度很重要。」杜偉男說道。

「說得真不錯。」法約爾導師笑瞇瞇地誇獎道：「沒錯，就像這位朋友說的，企業雖然會設置很多的規章制度，但其中的大部分都落實不到位。長此以往，企業管理就會陷入一種可怕的惡性循環中。（如圖 1-6 所示）」

「有這麼嚴重嗎？法外還有人情呢。」一個男生小聲嘀咕道。

「當然有這麼嚴重！」法約爾導師突然提高聲音，讓小聲嘀咕的男生嚇了一跳。

「你想想，很多企業都是這樣的。」法約爾導師解釋道：「員工不遵守規章制度的問題出現後，企業又馬上制定新的相關制度，好像只要發表了制度，就能解決問題一樣。如此一來，結果只會是規矩越來越多，而員工們對規矩的漠視程度卻越來越嚴重！」

杜偉男點點頭，確實，如果規矩訂出來卻沒人遵守，那倒不如不訂規矩。

圖 1-6 不嚴格管理員工的結果

正想著，一位三十歲左右的女士舉起手來。

　　「您有什麼疑問嗎？」法約爾導師示意她站起來，然後溫和地說道。

　　「對您的話，我表示非常贊同，只是，我有一個問題想請教您。」女士憂愁地說道：「是這樣，我們團隊裡有一個核心成員，他能力非常強，我非常需要這樣的人，而且我找了很久，都沒找到能接替他工作的人。可是他總是仗著自己有能力，無視公司的規章制度，開會遲到、在辦公室接打私人電話、上班期間做自己的私事。我說過他不少次，一開始他還有些收斂，時間一長，就又跟以前一樣了。因為我需要用他，所以我多少會縱容他一點，但有了他不遵守團隊規則的先例，再用規則去要求其他人，其他人也就有了怨言。您說，我該怎麼做？」

　　法約爾導師點點頭道：「是啊，這樣的員工最難處理。因為他有功，所以你在處理他的時候有所顧忌，怕傷了人才的感情。但是，你如果不處理他，反而會助長他對規則的漠視，也會影響整個團隊的凝聚力與向心力。」

　　女士皺著眉頭嘆了口氣：「確實，您說，我應該怎麼做呢？」

　　法約爾導師笑瞇瞇地說道：「我建議你將他觸犯的規則分為兩部分。第一部分是非原則性問題，比如他上班期間吃東西，根據規章制度需要罰款 50 元，你可以酌情免除，就像剛才那位男生說的『法外還有人情』；第二部分是原則性問題，比如使用公司的資源處理自己的私人問題甚至是私下接外快，這就對團隊的影響非常不好了。這時候，你就不能去縱容他，而是要提出一些實質性的懲罰措施，這樣才能服眾。在處罰前後，你需要耐心跟他溝通，讓他明白這樣做的利害關係，跟他之間形成默契，這樣才能真正處理好這件事情。」

　　女士想了想，心悅誠服地點了點頭：「是的，您說得對，我會試試看的。」

法約爾導師繼續說道：「其實，關於落實企業制度這件事，關鍵還是要看管理者。如果管理者本人不受制度約束，下面的人就會產生怨言；如果有些『皇親國戚』犯了錯卻不受懲罰，正常管道進來的員工就會受到傷害；如果有些人靠拍馬屁獲得獎勵，而真正有功的人卻得不到應有的待遇，那員工就不願意好好工作，公司的整體風氣也會受到影響。」

「您說得對。」一位身著黑色襯衫的男士說道，「一旦制度確立，就要保證它能執行到底，可以討論修改，卻不能違背。只有將規則推行推廣，才方便日後的統一管理。」

「對啊。」有幾個大學學生也附和道，「規則是公司訂的，大家都需要遵守。」

法約爾導師笑瞇瞇地說道：「是的，我相信你們在步入工作崗位後，都能成為優秀的管理人員。只有管理者能做到約束自己，員工們才會心生敬服，才會對公司規章制度產生敬畏心理，管理者才能更好地實施管理工作。」

聽著法約爾導師的話，杜偉男想到了一件發生在自己公司的事情。

那一天，自己在一樓貴賓廳開完會，突然有點想上廁所。來到電梯前，他發現電梯還停在 16 層。於是，他便轉身去了一樓的公共廁所。

正在隔間方便時，他聽到外面有兩個員工一邊抽菸，一邊吐槽著什麼。

員工甲有些擔心地說道：「今天早上我遲到了兩分鐘，我看員工守則上寫的遲到 10 分鐘內要扣 50 元，遲到 10 分鐘以上按曠工半日扣除薪資，真倒楣。」

員工乙有些不屑地說道：「嘿，你怕什麼，我們公司的考查出勤就是走個形式，你來得早點、晚點都沒事，沒人真的管你。」

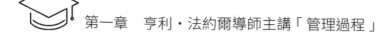

員工甲一聽頓時放心了：「啊，嚇了我一跳，我這才剛來幾天，對公司不熟悉，還得靠您多帶帶我了！」

杜偉男本來想出去斥責一下這兩個員工，奈何當時並不方便，等出來後，兩個員工早就走得沒影了。由於沒看見說話的人長什麼樣子，這件事也就不了了之了。可如今想一想，這兩個員工固然不對，但這也直接證明了，自己的公司也出現了規章制度落實不到位的情況！

想到法約爾導師剛才說的話，杜偉男不禁出了一層冷汗，心想：「回去一定要跟李總談一談這個問題，還要專門召集部門的高階主管開幾次會議，爭取在公司裡搞一次大改革！」

正想著，法約爾導師整理了一下領帶：「親愛的同學們，朋友們，快樂的時光總是特別短暫，今天的課程就到這裡了。下週同一時間，會有一個更讓大家驚喜的導師，為大家繼續講解管理學，大家敬請期待吧，再會！」

會場裡頓時響起了熱烈的掌聲，大家紛紛起身，送別這位偉大的管理學家。

第二章
腓德烈 · 泰勒導師主講「科學管理」

本章透過四個小節的講解，完全解讀腓德烈·泰勒的關於科學管理理論的核心內容。腓德烈·泰勒被稱作「科學管理之父」，著有《科學管理原理》。作者在解讀泰勒思想的同時，加入了風趣幽默的例子，讓讀者能在不知不覺間提升自身的科學管理能力。

腓德烈・泰勒

（Frederick Taylor, 1856-1915），美國著名管理學家。在 19 世紀末期，美國工業出現了前所未有的進步，資本也累積到了一定程度，卻缺乏一個科學的管理機制，導致工業資源嚴重阻礙了生產效率的提高。當時，泰勒是一名年輕的管理人員，也是美國工程師協會的成員。作為一名工程師，他非常了解解決這些問題的方法，並在此基礎上提出了科學管理的理論和方法。泰勒提出的科學管理具有劃時代意義，他也因此成為當之無愧的「科學管理之父」。

第一節　鐵鍬與鐵塊的奇蹟

從法約爾導師的課上回來，杜偉男立刻在銀河公司展開了一場「整肅運動」。看著杜偉男收穫頗多的樣子，李彬暗自後悔上次因外出談業務而錯過了管理課程。

「哎，你也別後悔，今天晚上，我帶你一起去聽課。」杜偉男看著李彬幽怨的眼神說道，「先跟你打個招呼，待會兒看到管理學導師，你可別嚇得叫出聲來。」

「小看我了吧，怎麼說我也是見過世面的，哪會叫出聲呢？」李彬吐槽道。

正說著，車開到了 R 大停車區，二人步行到禮堂後，會場已經沒剩下幾個位置了。

「唉，我上次來還沒這麼多人的。」杜偉男感慨道，「估計都是聽說了這裡的事，我們倆還是趕快找個離講臺近的地方坐下吧。」

兩人剛剛坐定，一個穿著西裝的中年人就匆匆走上了講臺。只見他一副西方人面孔，神色嚴肅，但抿起的嘴角卻帶著一絲若有若無的笑意。

「晚安，各位，我是腓德烈・泰勒。」泰勒導師愉快地說道。

「噢！我的天哪！」李彬不由得喊出了聲，隨即又趕快壓低了聲音，「竟然是本人！可，可是……」

「哪有那麼多可是啊。」杜偉男笑了，「你剛才不是還說，自己不會被嚇得叫出聲嗎？」

「是啊，可是這太驚人了。」李彬低聲感慨道。

等臺下平靜些後，泰勒導師笑瞇瞇地開口道：「學管理的同學們，應該沒人不知道我吧？」

「當然。」下面的學生們紛紛贊同，「您可是『科學管理之父』啊！」

泰勒導師導師謙虛地擺擺手，說：「不敢當不敢當，不過，我在科學管理方面，確實有一些心得，比如我發現了如何透過管理來科學地提高工人們的效率。」

泰勒導師詼諧地眨了眨眼，大家都露出了心照不宣的笑容。

「您說的是鐵塊試驗吧？」一位女學生說道。

「沒錯。」泰勒導師愉快地說道，「當時，我在伯利恆鋼鐵廠開始我的試驗，並雇了一些工人，這些工人的工作就是搬運鐵塊。他們每天能搬12～13噸鐵塊，而我，則支付給他們1.15美元作為酬勞。在實驗中，我的激勵管理很簡單，就是找工人談談話，時不時提拔一些效率較高的工人，如果有不服從管理或效率較差的工人，就直接給予開除處理。後來，

我提拔了一個很喜歡錢的人，他叫施密特，我答應給他每天 1.85 美元的報酬，但他要為此搬運更多的鐵塊。（如圖 2-1 所示）」

圖 2-1 計件薪資的好處

「他同意了，對嗎？但他如何搬運更多的鐵塊呢？」一位新生模樣的學生好奇地問道。顯然，他還沒有接觸過泰勒導師的鐵塊試驗。

只見泰勒導師點點頭，溫和地說道：「是的，他當然同意了。我提高了他的薪資，同時幫他制定了一系列操作方法。當時，我觀察了這些工人的行走速度和搬運方法，並注意改善了他們的勞作時間。我發現，如果將上述內容整合出來，工人每天能搬運 47 噸鐵塊，而且他們並不會覺得特別疲憊。尤其是施密特，他使用新方法，第一天就搬運了 47.5 噸的鐵塊，我支付給他 3.85 美元。有施密特當榜樣，工人們的勞動生產率有了普遍的提升。」

學生點點頭，說：「是啊，確實，方法和薪資雙管齊下，這樣才能實現科學管理。」

「不只是這樣哦。」泰勒導師笑瞇瞇地說道，「要真正實現科學管理，你第一件要做的事情，就是要精心選拔你的工人。比如在選擇第一線員工時，你可以適當放寬要求，多吸納工人進入，再進行後期培訓；在選擇管理階層或特殊職位工人時，則需要再三考核他們的學歷、經驗和性格等是否合適。」

「那第二件事呢？」李彬問道。

「這第二件事嘛，就要像我一樣，對這些工人進行培訓和幫助，讓他

們能獲得足夠的技能。」泰勒導師驕傲地說道,「科學的工作方法和作息時間,能幫助工人們提升工作效率,也能讓他們學會接受新方法。按照科學的管理方法進行管理,管理者省時省力,工人們也同樣能節省體力。」

同學們一邊點頭,一邊記著筆記。泰勒導師說道:「大家都知道,我之前是一名工程師,所以,我有大把的時間跟工人們在一起。除了鐵塊試驗外,我還有一個鐵鍬試驗。當時,我在鋼鐵廠上班,廠子裡的 600 多名工人都是使用鐵鍬去鏟煤的。看著大家吃力的樣子,我突然冒出一個想法……」

泰勒導師喝了口水,繼續說道:「如果我把鐵鍬的重量改變一下,他們的效率會不會提升呢?經過試驗,我發現當一把鐵鍬的重量是 38 磅時,他們每天能鏟 25 噸煤;當一把鐵鍬的重量是 34 磅時,他們每天能鏟 30 噸煤。但是,當一把鐵鍬的重量下降到 21 ～ 22 磅時,他們的工作效率反而會下降。最後,我得出了『煤較重時應使用輕鍬,煤較輕時應使用重鍬』的結論。這樣一來,我每年能節省 8 萬美金的費用,工人們也更加輕鬆些。」

杜偉男點點頭,確實,科學管理的首要任務,就是要找到一個科學的方法。這樣才能用最少的資本,換取最大的效益。

「對了,同學們,我剛才提到的鐵塊試驗中,給工人支付薪酬的方法是計件薪資。你們覺得,使用計件薪資進行管理怎麼樣?」泰勒導師問道。

第二節　我們不要計件薪資

「不錯啊，我覺得計件薪資是最好的方式了，你做得多就多拿一點，你做得少就少拿一點吧。」一個男生說道。

「這不對吧？」李彬眉頭一皺，說道：「計件薪資怎麼能說是最好的方式呢？這不太合理。」

男生回頭看了李彬一眼，問：「有什麼不合理的，難不成，我做得多反而少給我錢？」

李彬說道：「別的不說，你怎麼保證工人的做工品質呢？工人做 10 件精工，能一次通過，我給他們支付 10 元；有人做 100 件都是糙工，根本用不了，但是我卻給他 100 元，你覺得合理嗎？」

「這……你這個……」這下對方語塞了，他只好狡辯道：「你這根本就是抬槓。」

「他不是抬槓，」杜偉男連眼皮都沒抬起來，道：「他說的只是一個正常的管理現象，是你自己想得不周全。」

「好了好了，我的朋友們，我的學生們。」泰勒導師笑瞇瞇地指著李彬和杜偉男道，「就像這兩位朋友說的，計件薪資確實會引起很多問題。既然我們已經提到了品質問題，我就講一個真實的故事給各位聽。」

泰勒導師喝了口水，繼續說道：「我有一個中國朋友，他是一家大型瓷磚生產廠的。生產瓷磚的一線工人都是按照計件薪資結算報酬的，其中有幾個人手腳很快，每天能比別的工人多生產一倍的瓷磚。於是，他們比其他工人拿的薪資要多，還被廠裡評為勞動楷模。可是，隨著廠裡『勞動楷模』的增加，瓷磚廠的效益卻越來越差，因為最近幾批瓷磚的內部都有裂紋。隨著不良品的增多，他們廠也屢屢接到客戶的投訴。」

「啊？那後來呢？」一個女生焦急地說道。

「後來，我這個朋友才發現是計件薪資制度出了問題。在生產時，工人們為了多拿錢，只能透過降低產品品質來提高數量。瓷磚生產完畢就結算薪資，後期出現不良品也沒有相應的懲罰措施。如此一來，這些瑕疵品自然就增加了。」泰勒導師無奈地攤手說道。（如圖 2-2 所示）

「啊，這真是得不償失，本來是想提高效益的，結果還要退回重做，白白增加成本，還搞臭了名聲。」同學們也覺得計件薪資確實不像想像中那樣合理了。

「還不止這些呢。」泰勒導師說道，「你們想想，如果實施計件薪資，工人們會怎麼想？」

圖 2-2 計件薪資要不得

「拚命做囉。」一個扎馬尾辮的女生說道。

泰勒導師點頭肯定道：「沒錯，工人會想，『我們得多做才能拿高的薪水，這麼一點工作根本不夠我做』。於是，他們就會扎根在單一操作裡，想透過多做幾件『產品』來多拿薪水。我們都知道，提升員工綜合能力，對員工和公司的發展才是好事。而提升員工綜合能力就意味著要讓他們學習，要讓他們參加培訓，這一過程是不給錢卻對員工有好處的。但員工卻因為這會影響正常收入而牴觸學習，在自己的『計件』思維引導下，走向能力提升的死胡同。（如圖 2-3 所示）」

「是啊。」杜偉男想道，「這個計件薪資，原本就是按生產數量結算薪資的，它肯定會不可避免地忽略品質問題，最後造成生產成本白白增加。」

李彬小聲對杜偉男問道：「我們公司是不是也有計件薪資措施？」

圖 2-3 計件薪資的不合理之處

杜偉男點點頭，說：「有，後廚和櫃檯的一部分職位，本質都是按照計件薪資發放薪水的。」

李彬無奈地嘆了口氣，說：「得想個解決措施。」

「有啊，當然有解決措施。」泰勒導師顯然聽到了二人的談話，笑瞇瞇地說道。

哇，這個導師耳朵真靈！

李彬趕快說道：「那您快說說看，我們應該如何解決這個問題呢？」

泰勒導師溫和地說道：「使用我發明的差別計件薪資制就可以了。」

差別計件薪資制？李彬想了想，上學的時候似乎學過這個，但大腦裡卻一點印象都沒有了。杜偉男也是一頭霧水的樣子，好像自己是第一次聽到這個名詞似的。

「唉呀，就是對那些效率高的工人採用一種薪資率計算薪資，再對那些效率低的工人採用另一種薪資率計算薪資。這種方法，就是差別計件薪資制啊。」泰勒導師看著李彬和杜偉男，有點恨鐵不成鋼地說道。

「對呀。」李彬一拍腦袋，說道，「透過考核，那些用時短且生產品質高的員工，可以使用一套薪資計算法；那些效率不行的人，可以使用另一套薪資計算法。這樣不僅能在員工中形成競爭氛圍，還能實現『對外高薪資』和『對內低成本』，在充分發揮個人積極性的基礎上，提高整體的勞動生產效率，真是一舉多得。」

泰勒導師謙虛地笑了，說：「而且，差別計件薪資制還能讓工人們覺得公平。效率低的工人，會因為差別計件薪資制提升自己，爭取拿到更高的薪酬；效率高的工人，因為自己的待遇比其他人更好，也會更心甘情願地為企業貢獻。」

「您說得對。但是，泰勒導師，這樣不會讓某些效率低卻自視高的工人眼紅嗎？這種差別計件薪資制，會不會造成員工的流失呢？」一位學生模樣的人說道。

「就算造成員工流失，那流失掉的也是所有低效率的人。你想想，你把這些人清出去，就可以吸收更適合這個職位的人來工作。這樣不是提高工作效率的更好方式嗎？」泰勒導師解釋道，「而且，我透過實驗發現，差別計件薪資制對工人士氣的影響是非常明顯的。就像剛才我說的那樣，當建立起科學的管理機制 —— 即差別計件薪資制後，工人們就會更加誠實、坦率地工作，這也能有效改善工人與僱主間的僱傭關係。」

杜偉男把手舉起來，問道：「泰勒導師，實施差別計件薪資制需要什麼先決條件嗎？」

「當然，要想實施差別計件薪資制，就要有科學的定額，對時間和工作量進行合理研究，同時還要設置相關的管理部門，保證生產能夠正常、有規範地進行。」泰勒導師說道。

「您能給出具體的操作流程嗎？」杜偉男問道，「我想，具體的數據能讓我們更好地理解差別計件薪資制的意義。」

「當然，我的朋友。」泰勒導師笑瞇瞇地說道，「比如玩具廠工人每天的生產量可以達到 110 件，那麼，就以 100 件為標準，每件薪資為 0.5 元。我們可以按照完成薪資率按 120% 計算，而未完成的部分按照 80% 計算。也就是說，當工人完成 100 件時，日薪資為 $100 \times 0.5 \times 1.2 = 60$ 元；如果工人只完成了 90 件，那麼，他們的日薪資則為 $90 \times 0.5 \times 0.8 = 36$ 元。」

「哦，我懂了。」杜偉男說道，「如此一來，工人們就會為了薪酬，努力達到 100 件的標準，這樣還能促進他們的出勤率，真不錯。」

「是啊，可是，說到這個出勤率⋯⋯」泰勒導師賣了個關子，看禮堂同學們的興趣都被提上來了，方才悠悠開口道，「這個出勤率可不是保證效率的必要條件，有些員工月月全勤，但效率卻很低，你們知道為什麼嗎 ——」

第三節　科學管理就是拒絕「消極怠工」

「什麼？『消極怠工』？」聽眾們聽完，臉上立刻露出了恍然大悟的神色。

「沒錯，」泰勒導師肯定道，「正是『消極怠工』。我在 1903 年 6 月時，曾於美國機械工程學會宣讀了《工廠管理》一文。如今過去了 100 多年，但裡面的內容仍然令人感慨。比如每個企業都存在的問題 —— 效率不高、人浮於事。」

就在「消極怠工」四個字一出來時，李彬跟杜偉男就明白了泰勒導師的意思。沒錯，出勤率根本不能代表員工效率。

就像銀河公司的某些員工，他們對人熱情，溫文儒雅，且兢兢業業，能把與同事和上下級之間的關係處理得非常好。而且，這些員工非常守規矩，基本每個月都是全勤狀態。在企業宣傳文化與標語時，他們對企業的認同度非常高，工作態度也非常不錯。

但是，他們有一個致命弱點 —— 個人能力很差，業績一直處於低迷狀態。

這種人是最讓管理者頭痛的；開除他們，似乎有些無法無法下手，畢竟他們很老實，而且沒有功勞也有苦勞。而且，他們不會犯原則性上的錯，人緣也普遍很好。如果管理者處理不好他們的問題，就會導致員工中形成「這個管理者真沒人情味」的氛圍，還會激起其他員工對這類員工的同情。

再者，喜歡「消極怠工」的員工，其行為感染力是很強的，尤其是在一些不需要做出太大業績的領域 —— 如文員、檔案室員工等 —— 如果一個辦公室裡有 1 ～ 2 個這樣的員工，很快整個辦公室的人都會被「傳染」成「消極怠工」的員工（如圖 2-4 所示）。

泰勒導師說道：「造成『消極怠工』的原因很簡單。大部分人的天性都是喜歡輕鬆隨便的，這一部分的員工可以稱作『天性消極怠工』；還有一部分員工是『刻意消極怠工』，造成『刻意消極怠工』的原因就比較複雜了。」

　　泰勒導師喝了口水，繼續說道：「比如有些人在努力工作時，看到其他人正在聽歌、上網、玩手機，他們就會覺得心裡不平衡，就想放下工作一起玩。再比如有些人本來勤懇努力，但是管理者視而不見，久而久之，他們會想，『反正我好好工作也拿五千，不好好工作也拿五千，那我為什麼要把自己搞得這麼累？』總之，『刻意消極怠工』的原因複雜多樣，要想根治，就一定要經過仔細觀察。」

圖 2-4 「消極怠工」會傳染

「如果給他們計件薪資，他們就不會出現這樣的問題了。」剛才跟李彬「作對」的男生說道，然後白了李彬一眼。

李彬訝異於這個男生狹小的氣量，反而多打量了他兩眼，說道：「使用計件薪資也是要分情況的，而且這樣一來，產品的品質問題又沒辦法保證了。何況，我剛才並不是說計件薪資一無是處，只是說它並不完善。」

「是啊，是啊。」泰勒導師趕快打著圓場，說，「像祕書這種工作，也不好實施計件薪資制嘛。何況，即便使用計件薪資制，也難保證員工不會有這樣的想法——『我少做點又怎樣？反正我是按數量拿錢的，公司怎麼也不吃虧』。」

男生不說話了。

泰勒導師溫和地說道：「如果是我的話，我會從精神層面、制度層面和績效考核層面來杜絕員工的『消極怠工』行為。比如在思想方面，我們要確保員工們都認同企業文化，並且都能確知企業的下一步動向。我認識的很多老闆，都是將企業目標告訴幾個高階主管，由高階主管去具體實施各項計劃。而他們的員工只是渾渾噩噩地聽從安排，有時候連自己在做什麼都不清楚，這樣又怎麼能把工作做好呢？」

「所以海底撈才發展得這麼快、這麼好。」杜偉男說道。

泰勒導師點點頭表示肯定，說道：「是的，因為海底撈的員工都有一個信念——『來吧，用雙手改變自己的命運』。在工作中，他們真的堅信能透過努力改變命運，而且企業也確實給了大部分員工升遷加薪的機會。這麼多分店的員工，這麼冗雜的機構，竟然能做到上下一心，這是非常難得的。」

「我也覺得，在傳達企業願景時，光貼幾個海報或者開幾次大會是不夠的。」另一位高階主管模樣的女士說道，「我覺得，管理者務必要時刻

將企業願景和企業動向掛在嘴邊，開會必講，逢人就說。現在，我們公司的員工都會在背後模仿我傳播公司思想的樣子。我覺得這才算夠了，因為我已經把公司理念連跟我的樣子，刻印在員工們的大腦裡了！」

　　女主管的話一說完，泰勒導師率先鼓起掌來，稱讚道：「太棒了，您給了我很大的啟發。」

　　掌聲停下後，泰勒導師才在同學們的目光中繼續道：「然後是制度層面。我們一定要在有制度的前提下進行公司管理，這是毋庸置疑的。首先，公司要確立每個人的職位職責，沒錯，是每個人的。公司管理者需要將每一名員工的職位職責清晰化，而不是有職責重複、模棱兩可的存在。其次，企業要明確賞罰制度，同時要做到功必賞、過必罰。最後，制度要明確傳達到每個員工處，不是簡單地發放一本員工手冊，而是要張貼到各辦公室，管理者也要按時進行核對。」

　　「再有就是績效層面。」泰勒導師說道，「為了實現企業目標，管理者需要制定有效的績效考核評價體系，提升員工效率，幫助員工制定自己的個人目標。」

　　「是啊，員工的個人目標很重要，這個目標一定要在大方向上與企業目標契合。」李彬說道，「所以，時不時給員工『洗洗腦』是很有必要的。」

　　「沒錯，這位朋友說得很對。」泰勒導師一拍手，說道，「身為管理者，我們有必要給員工們來一場心理革命，這就是我接下來要講的內容。」

第四節　來一場「心理革命」

「我曾經說過，真正的科學管理，跟那種只追求提升效率的做法是完全不同的。」泰勒導師一臉深沉地說道，「真正的科學管理，是要在僱主和工人間掀起一場『心理革命』的。這場革命的意義，就是讓僱主和工人拋開分配關係，以友好互助的方式，代替互相索取的方式，這樣才能讓生產剩餘量猛增，也能讓員工拿到更多的薪酬，同時最大化地提升員工的幸福感。」

杜偉男點點頭，說道：「您說得對，員工對企業的責任心和主動工作意願，就是企業的保護屏障。如果員工缺乏責任心，就會導致工作效率低下，最後讓企業蒙受損失；如果企業不能給員工精神層面的鼓勵，那麼，員工就會產生『你虧了就是我賺了』的心理，最後損失的不但是企業的效益，還有員工自己的薪酬。」

泰勒導師對杜偉男點點頭，說道：「沒錯，所以一場僱主和工人間的『心理革命』就勢在必行了。」

「可是，泰勒導師，我們怎麼進行『心理革命』呢？要知道，世界上最難的事，就是把自己的想法灌輸到別人大腦裡啊。」一個女生托腮問道。

泰勒導師溫和一笑，說：「所以，我們的第一個步驟，就是學會從根源上進行管理——」

說完，他用筆在白板上寫了四個字：應徵環節。

「應徵環節，又叫選人環節，」泰勒導師侃侃而談，「俗話說，『三分培養七分選』。選人的時候嚴苛點，就能省下很大一部分時間去培訓。這樣招來的員工也更有責任感和工作能力，能為企業創造更高的績效。」

「怎麼才能判斷這個人是否有責任感和工作能力呢？光靠他自己說，恐怕並不可靠吧？」那個女生繼續問道。

「當然。」泰勒導師點點頭，說，「但是，我們可以透過一些方式來判斷。比如他在遇到困難時，會先主動思考問題，而不是直接問別人。在面試遇到突發情況時，他也會先自省自察自己的能力，而不是開口就埋怨身邊人的干擾，等等。」

杜偉男點點頭，沒錯，還有一種人是他在選拔時非常喜歡的，那就是有強烈自尊心的人。這類人會抱著「要麼不做，做就要做第一」的態度。對於管理者來說，他們無須多加鞭策，這類人就會自發地創造更高的績效。

「除了選人環節外，要想讓員工從心裡認同企業，打從心底裡自願工作，就要保證企業的高階主管本身是有良好素養的。我們經過多番試驗，發現管理者的個人素養和工作能力，會對員工的工作意願和責任心產生直接影響。如果管理者本身就吊兒郎當、無視制度，那他手下的員工就會更不服管教，一些人才也會因此對企業產生背離之心。」泰勒導師嚴肅地說道。

同學們都沉默了，是啊，要想管理好別人，首先要管理好自己。

「那我們應該如何做呢？」一個穿著整潔的男生文質彬彬地問道。

泰勒導師對他笑了笑，說：「我們要學會利用權力，這並不是讓管理者以權謀私，更不是讓他們對著員工裝權威，而是要用手中的權力為員工謀取一些福利。你們看，作為管理者，我們手中的權力分兩種，一種叫控制性權力，另一種叫影響力。我們先看控制性權力。」

泰勒導師繼續說道：「控制性權力分為三種，一種是職權職責；一種是正面激勵，即我們常說的獎勵；一種是負面激勵，即懲罰。也就是說，當員工做完工作後，我們會根據員工的工作品質和效率對其進行獎懲的權力。」

「那影響力呢？」男生迫不及待地問道。

「影響力則是更為重要的權力，它具體包括能力和素養。能力指的是管理者要在這一領域的能力領先於員工，這樣才會產生一種勢能，讓員工心甘情願地跟著你工作；素養則是個人魅力，除了能力外，管理者要在待人接物方面做到讓員工認同甚至崇拜。管理者只有提升自身的控制力和影響力，才能最大化地影響員工的工作熱情與工作投入。」泰勒導師認真地說道。

「看來，管理者素養對員工素養的影響真的很大啊。」杜偉男和李彬不約而同地想著。

「還有，科學管理本就是一門管理藝術。它是一個互動的過程，而非一個自上而下的過程。所以，管理者要給予員工充分的參與權，比如在制定決策時，管理者可以在員工中聽取意見，或者讓他們派個代表參加公司的決策大會。如果少了參與度，員工可能就沒那麼容易接受公司的決策了。」泰勒導師說道。

這時，一個扎馬尾的女生說道：「泰勒導師，我覺得，員工的參與度還體現在『授權』方面。我現在在一家大公司實習，雖然我能力很強，也作出了不少貢獻，但一些前輩卻總以我經驗不足為理由，很多事情都不放手讓我去做。所以，我對工作的熱情越來越低，現在正準備跳槽到其他地方。」

「這真是不幸。」泰勒導師惋惜道，「可以想見，你們公司失去了一個很好的人才。就像你說的，管理者需要子下放權力給員工，這樣才能培養、歷練他們。」

「是的，泰勒導師，我覺得制度也很重要。」扎馬尾的女生認真地說道，「發表制度，大家一同遵守，這才是制度的『正確打開方式』。如果

高階主管們不遵守制度，卻一味要求員工遵守，那就會造成員工的責任心和工作熱情下降。」

「是的，孩子，你說得沒錯。而且，公司的制度一定要合理才行。」泰勒導師風趣地說道，「我想到了一個有趣的故事，不少公司都有遲到扣半天薪資的規定，哪怕遲到一分鐘都不行。那麼，絕大部分員工在發現自己無法按時趕到公司時，都會乾脆休息半天，反正結果都是一樣的。」

同學們都心照不宣地笑了起來，杜偉男也說道：「是的，我也聽過一個有趣的故事。某飯店有規定，如果客人在房內抽菸且燙壞床單，則一個洞罰 100 元。不幸的是，今天的這位客人在床單上燙了 3 個洞。按規定，飯店需要罰他 300 元，可是他卻再一次拿起菸頭，把 3 個小洞燙成了 1 個大洞，只繳了 100 元就瀟灑地離開了飯店。」

講完故事後，大廳裡再次爆發出笑聲，泰勒導師也跟著撫掌大笑，道：「真是聰明啊，飯店值得為這個洞買單。」

等大家笑得差不多了，泰勒導師溫和地說道：「朋友們，關於科學管理的內容，到這裡就全部結束了，希望大家能從我的課上收穫一些管理知識。各位，再會。」

現場再次響起熱烈的掌聲，送別這位偉大又風趣的泰勒導師。

第三章
彼得 · 杜拉克導師主講「目標管理」

本章透過四個小節的內容，講解了彼得·杜拉克的目標管理理論的要點。彼得·杜拉克是有名的現代管理學家，且提出了具有劃時代意義的理念──目標管理。為了幫助讀者更好地理解彼得·杜拉克的管理理論的精髓，作者使用了幽默詼諧的語言，講述了彼得·杜拉克的管理理論精髓，讓讀者能夠在輕鬆愉快的氛圍裡學習「目標管理」的知識。相信透過閱讀本章，讀者能學到關於「目標管理」的精華。

彼得‧杜拉克

　　（Peter Drucker, 1909-2005），被譽為「現代管理學之父」。杜拉克的著作影響了後代追求創新及最佳管理實踐的企業家們，各類商業管理課程也都深受彼得‧杜拉克思想的影響。

　　1954 年，杜拉克提出了一個具有劃時代意義的概念 —— 目標管理（Management By Objectives，MBO），它是當代管理學的重要組成部分。目標管理的最大優點，就是能讓經理人控制自己的成就。經理人是企業中最昂貴的資源，也是最需要推陳出新的資源。此外，在杜拉克看來，管理在不同的組織裡會有一些差異，但是管理要解決的問題有 90% 是共通的。

第一節　我們都是管理者

　　上一堂課，李彬和杜偉男差點淪落到站著聽講。這一次，二人早早就從公司出發，到了 R 大禮堂，發現還是有不少人已經到了。

　　「不知道今天是哪位管理學家來。」杜偉男打量著周圍的人群，隨口問李彬道。

　　「嗯，不知道，但肯定是位大咖。」李彬說道。

　　正說著，旁邊一個男生走到二人身邊，彬彬有禮地說道：「兩位晚安，看兩位的氣質，想必都是管理階層吧，請問二位在哪個公司就職？我是 R 大的大四學生，叫盧偉。」

　　杜偉男看了他一眼沒有說話，倒是李彬接過了話題：「小夥子眼力不錯，這是銀河公司的杜總。」

男生對杜偉男點了點頭：「杜總您好，是這樣的，我即將步入社會，雖然學的是管理學，但畢竟缺少歷練，如果杜總不嫌棄的話，我能否到貴公司實習呢？」

「可以。」杜偉男倒是答應得很痛快，「準備一份簡歷投遞到我們公司人事部就可以。」

「好的，好的，謝謝您，很高興見到二位。」男生略鞠了鞠躬就走開了。

看著小男生走了，李彬說道：「你倒是答應得滿乾脆。」

杜偉男笑了笑：「我們公司哪有那麼好進，他要是能憑本事進來，憑本事留下，我倒不介意賣個人情。畢竟是我們的後輩，說不定是個人才呢。再說了，我們說白了，不都是管理者嘛。」

「哎，這位小夥子說得好！」一個洪亮的聲音從講臺上傳來。

只見來人眼窩很深，髮量稀少，兩條法令紋如同溝壑般將嘴圍住 —— 雖然他看上去年紀不小了，但看起來精神矍鑠，給人一種年輕的感覺。

「呀，您是彼得‧杜拉克導師。」一個女生尖叫起來，「我超崇拜您的！」

「是嗎？那真是我的榮幸！」杜拉克導師狡黠地衝女生眨眨眼，露出一個俏皮的笑容。

「您來得真早，」杜偉男說道，「我以為我們已經來得夠早了。」

杜拉克導師對杜偉男溫和地笑了，說道：「還好我今天來得早了些，不然，就該錯過你如此精彩的發言了，孩子。」

看著杜拉克導師詼諧的樣子，杜偉男有些哭笑不得，沒想到這位管理學大師竟如此平易近人。

「好了，孩子們，我想告訴你們的第一點，其實這位朋友已經說了──我們都是管理者。（如圖 3-1 所示）這裡的管理者當然不僅包括高階主管，還包括普通員工。」杜拉克導師聲如洪鐘道。

　　一個男生皺著眉頭問道：「杜拉克導師，不是我愛抬槓，這員工就是員工，高階主管就是高階主管，員工怎麼能稱為『管理者』呢？退一步說，就算員工有能力出眾的，但他們也只是業績出眾，跟管理層完全是兩回事啊，他們恐怕連最基本的管理學知識都不懂吧？」

　　杜拉克導師擺擺手：「不要急，年輕人，先聽我說完。我說的管理者，指的並不是高階主管，而是懂得進行自我管理的人。比如一個吸菸者，為了戒菸而制定了一系列自我管理的方案，最後成功把菸戒掉，那他也可以稱作『管理者』。」

圖 3-1 我們都是管理者

男生點點頭，不說話了。

杜拉克導師繼續說道：「剛才這位朋友提到的，恐怕也是我們的固有思維。通常情況下，我們都會覺得，企業裡的管理者就是主管嘛，而普通員工只要聽從吩咐，完成職責範圍內的工作就可以了，跟管理者根本不沾邊。其實不是這樣的 ── 」

杜拉克導師在白板上畫了一張關係圖：

企業總目標 ── 逐級細化目標 ── 每個員工的工作指標。

「各位，當一家公司制定企業總目標後，各個部門的高階主管會將總目標進行規劃分配，以確定每個部門的完成指標；制定好部門目標後，這一目標又會再次細化，變成各個小組的完成指標；小組指標需要分配到個人，讓每個員工確定好自己的工作內容、工作完成標準以及職責範圍。（如圖 3-2 所示）大企業的目標執行還會更加細化，但總體就是這樣的。當每個員工確立自己的工作目標後，他們就成為各自任務的管理者。因此，我才會說『人人都是管理者』。」杜拉克導師耐心地解釋道。

當公司制定總目標後，員工需要按照各個分目標進行自我管理，自我管理要落實到個人。

圖 3-2 細化目標

「杜拉克導師，我有個問題不太明白，」一個看起來很文靜的女孩子說道，「當每個人手中都有職責和目標時，那就會不可避免地出現個人行為與組織行為相衝突的局面。比如說，人事部的員工 A，他的職責是準備筆、本子等會議用品。但購買筆、本子又是採購部員工 B 的職責。員工 A 去找員工 B，員工 B 卻並沒有接到要購買筆、本子的消息，這時候又該如何做呢？」

杜拉克導師笑著說：「是啊，不管是員工還是高階主管，在進行目標管理時，經常會碰到自己的工作無法獲得其他部門支持的情況。這時，員工 A 可以先將情況報告給本部門，也就是人事部的負責人，如果人事部負責人有權直接讓員工 B 購買筆、本子，就讓其出面；如果人事部負責人沒有權力干預其他部門員工的工作，則讓其去找採購部負責人協商。在這裡，員工 A 直接去找員工 B，這是個人行為；但員工 A 把工作上報人事部，再由人事部找採購部協商，這就是組織行為。如此一來，個人行為就與組織行為相一致了。」

「我明白了，您是說，當員工 A 將工作中所遇困難上報組織時，他所代表的就不是自己，而是組織了。所以，他的個人目標，就跟組織目標一致了，對嗎？」女生恍然大悟。

「是的，我的孩子，你總結得非常好。」杜拉克導師對女生眨了眨眼。

杜偉男和李彬也跟著點了點頭。確實，就像杜拉克導師說的那樣，就拿銀河大飯店來說：櫃檯有櫃檯的工作守則，迎賓有迎賓的工作守則，泊車員有泊車員的工作守則。雖然他們都是一線工作人員，但他們在某種程度上也是管理者，因為他們每天都在進行目標管理。他們的任務，就是讓自己的工作獲得主管的認可，這也可以看作員工履行自己管理者身分的一個過程。

杜拉克導師繼續說道：「各位可以想一想，如果員工不做目標管理，那他就會不負責任地開展工作，這就會對整個企業造成實際影響，也會讓企業花更多時間去解決問題。因此，讓員工學會管理自己的一畝三分地，這是非常重要的。」

「我明白了，所以，企業也要採取措施，向員工們灌輸『人人都是管理者』的意識，這樣才能調動員工的積極性。只有每個人都管理好自己，企業才能得以正常運作，各個階段的發展目標才能得以順利實現。」李彬說道。

「沒錯，不過說到底，管理也就是目標管理。說到這個目標管理——」杜拉克導師笑瞇瞇地賣了個關子。

第二節　管理，說到底就是目標管理

「說到目標管理，」杜拉克導師說道，「其實剛才我已經提到了，根據我的理論，就是企業主管在一項任務開啟之際，制定的一份整個企業在一段時期內希望達到的總目標。然後，各個部門的管理者再將各自的分目標下達給全體員工，明確每個人的目標。之後，再由管理者積極主動地實現這些目標。這種管理方法便是目標管理。」

「您當時為何會提出目標管理這個概念呢？要知道，在 1950 年代，您提出的理論可太前衛了。」一個男生佩服地說道。

「哈哈，不敢當不敢當。」杜拉克導師做出謙虛的樣子，笑瞇瞇地說道，「當時，我只是想透過一種管理方式，讓企業更好地完成目標。但隨著試驗的進行，我發現當員工能積極主動地完成自己的工作時，企業的效率就自然而然地提升了。所以，我開始強調個人的作用，提倡員工能自覺

參與目標的制定、實施、控制、檢查與評價。而這些，也就是目標管理的部分操作方式了。」

杜偉男說道：「您的意思是，目標管理就是動員企業的所有員工，讓他們共同商定劃分的企業目標，同時制定保證其實現的方法，對嗎？」

「是的，孩子。」杜拉克導師說道，「這樣一來，企業內的各個部門及成員的責任與成果都與企業密切相連，這樣能讓命令和行動都更有效地進行。」

「您說得對。」李彬也點頭說道，「使用目標管理，能讓高階主管在目標的執行過程中，對上下級的責任範圍進行明確，使上級適當下放權力給下級，下級施行自我管理。以此為方針，最後形成一個全方位的目標管理體系。（如圖 3-3 所示）」

企業設置
總目標

個人權責
為總目標
負責

全方位
目標管理
體系

部門設置
分目標

個人設置
權責範圍

圖 3-3 全方位目標管理體系

　　杜拉克導師笑瞇瞇地點點頭，說道：「沒錯，你說得對。目標管理不但能提高階主管的領導能力，還能激發員工的積極性，確保目標實現。事實上，目標管理是一種整體的、民主的成果管理，這也是目標管理的魅力所在。」

　　「噢，我明白了。」一個女生喊道，隨即有些不好意思地說道，「抱歉，您給了我很大的啟發。其實，目標管理就是促進組織中的上下級一起制定目標並完成目標的方法。在員工明確總目標和自我目標的前提下，員工能夠對自己和企業負責。這真是太妙了！」

　　「謝謝。」杜拉克導師顯然很喜歡別人的誇讚，「而且，相比傳統的自上而下式管理方法，目標管理的特點更為鮮明。隨著時代的進步，簡單的『管理者傳達命令，員工機械工作』模式已經無法滿足企業的發展需求。所以，我的目標管理也可以說是應運而生。」

　　「那麼，目標管理有什麼具體好處呢？」一個戴眼鏡的短髮女生問道。

　　杜拉克導師說道：「你們中國一向講求以人為本，這個理念跟我的目標管理的理念是相當契合的。所以，相比外國企業，我的管理方式更適合中國企業。因為 —— 我的目標管理就非常重視人的因素！」

　　杜拉克導師喝了口水，繼續講道：「你看，目標管理是一種重視民主性、參與性的由自我控制的管理制度。在這種制度下，上下級的關係是平等的，管理者與員工需要互相尊重、互相依賴、互相支持。員工在承諾目標與被授權後，其心態是自覺、自主與自治的。當員工受到重視後，自然會想辦法『報答』企業，這也就促成了企業的良好氛圍的形成，從而提高了企業的生產效率。」

　　杜偉男點點頭，跟資本主義企業相比，中國企業的確更重視「人」的

作用。雖說企業和員工間的基本關係還是勞資關係，但如果使用目標管理法，員工就會產生「主角」意識，會把企業當成自己真正的事業來做，這是非常難得也是非常重要的一點。

杜拉克導師接著說道：「還有，目標管理很重視成果，這也彌補了一些員工『重在參與』的心理。要知道，企業的基本目標就是盈利。說白了，只有企業賺錢了，才有能力給員工支付薪酬，才有可能做大做強，給員工創造一個美好的前程。所以，結果很重要。」

「而且，我透過試驗發現，」杜拉克導師強調道，「目標管理的起點就是制定目標，其重點為目標完成情況的考核，管理者不會對員工完成個人目標的具體過程和方法進行過多干預。因此，管理者的監督成分少，員工的目標實現力就強。」

「嗯，那在使用目標管理法進行管理時，我們應該如何具體操作呢？」戴眼鏡的女生繼續問道，同時在本子上飛快地做著筆記。

「目標管理具體的操作方法分為三個階段 ——」

杜拉克導師用筆在白板上寫下目標管理的操作方法（如圖 3-4 所示），然後用筆點著白板上的第一條說道：「我們先看目標設置階段。這是目標管理中最重要的階段，可以細化成四個步驟。第一步，高層管理者提出一個暫時的、可改變的目標預案。這個預案被提出來後，同階層管理者進行討論，最後再由領導根據企業的策略及使命，批准最終出爐的目標方案。第二步，目標被確定後，管理者會對其重新審議，並且劃分職責。目標管理要求管理者要確定每個分目標都有責任主體。管理者必須要根據總目標，對目標分級進行規劃和調整，同時明確各個分目標的責任者。第三步，管理者在劃分目標後，要確立員工的個人目標。管理者需要對員工講明企業的總規劃與總目標，然後與下級商議分目標的具體分配。第四

步，管理者需要與員工一起，就實現各項目標所需的條件及事宜達成協議。在制定分目標後，要對員工授予相應的權力，並為其提供資源配置，以此實現權力、責任和利益的統一。」

圖 3-4 目標管理的操作方法

「那第二階段呢？」同學們迫不及待地問道。

「在第二階段，管理者應當強調員工的自主、自覺和自治，同時重視結果。當然，管理者不干預員工，並不代表管理者要放手不管。相反，管理者要明白，目標體系是牽一髮而動全身的。因此，管理者在目標實施過程中的管理是必不可少的。」杜拉克導師說道。

李彬點點頭，就像杜拉克導師說的，在目標管理過程中，管理者應當進行定期檢查，同時利用平時與員工接觸的機會，讓員工對自己進行進度匯報，便於相互協調。同時，管理者還要幫助下屬解決工作中的困難問題，以免發生不可預測的事件，導致企業目標被嚴重影響。

看著同學們記得差不多了，杜拉克導師說道：「至於第三階段 —— 在目標達到預期後，管理者需要引導員工進行自我評估，對工作進行總結，然後以書面報告的形式提交。」

戴眼鏡的女生點點頭，說：「是啊，管理者需要與員工一起，就考核目標的完成情況決定獎懲，同時對下一階段目標進行討論，開始新的目標循環。如果員工這一階段的目標沒有完成，那麼管理者應同員工一起分析原因，總結失敗的教訓。」

　　「說得非常好。」杜拉克導師笑瞇瞇地誇獎道，「目標管理能幫助管理者與員工建立親密關係，保持雙方之間的信任。」

　　「可是，不少公司的管理者都是高高在上的，在他們看來，自己跟員工就是兩個世界的人。對於這類管理者來說，他們怎麼可能承認員工的目標管理跟他的目標管理是同樣重要的呢？」戴眼鏡的女生神色黯然地說道。

　　「是啊，是啊，你說得沒錯。」杜拉克導師也感慨道，「所以，這也是我接下來要講的內容 —— 優秀的領導者才是英雄。」

第三節　優秀的領導者才是英雄

　　「『優秀的領導者才是英雄』，這個觀點是我不少作品中都反覆提到的一點，要做好目標管理，一個優秀的領導者是必不可少的。」杜拉克導師感慨著，眼圈竟然開始泛紅了！

　　「抱歉，各位。」杜拉克導師拿出手帕擦了下眼角，然後說道，「有些人應該看過我的自傳 ——《旁觀者：管理大師杜拉克回憶錄》。在這本書裡，我提到了我的救命恩人 —— 胡佛總統（Herbert Hoover）。事實上，他不僅是我的救命恩人，也是數百萬難民的救命恩人。當時，他成立了一個救濟組織，每天向學校提供一頓午餐。這頓午餐的菜式非常單一，就是一杯可可粉沖麥片。我真的驚訝，一個組織竟然有這麼大的力量。所以，我一直在強

調，人類的創造力是能透過組織來實現的。但這也有個必要前提，那就是組織要有一個足夠優秀的領導者，就像我的救命恩人胡佛總統一樣。」

同學們看著杜拉克導師激動的樣子，紛紛出言安慰。

杜拉克導師趕快整理了一下情緒，繼續說道：「謝謝各位，所以，我想表達的意思就是 —— 一個企業的領導者，跟經理人的作用是不一樣的。中國有句老話，叫『兵熊熊一個，將熊熊一窩』，如果領導人本身的觀念就有問題，那他應徵的高階主管也不會跟他差太多。如此一層一層下去，也就難免影響整個企業的風氣了。」

「領導者應該如何做，才能算是優秀的領導者呢？」杜偉男舉手問道。

杜拉克導師說道：「我們且不說作為一個領導者的能力和財力應當如何，作為一個人，他首先要做到的，就是要尊重另一個人。（如圖 3-5 所示）如果不尊重員工，那目標管理也就無從談起了。」

圖 3-5 優秀的領導者要尊重員工

「是的，您說得對。」杜偉男點頭表示同意。想一想自己公司的高階主管，還真有那麼幾個高高在上的，看來回去得好好想想，要不要換一批新鮮血液了。

杜拉克導師繼續說道：「其實，老闆也好，高階主管也罷，在管理公司的過程中，要做的無非就是規範、調配員工。如果實施了目標管理，員工自己可以管理自己，那高階主管們要做的無非就是尊重員工、信任員工、理解員工、關心員工，並按照規定的標準對員工予以激勵。」

「可是，我們是管理層啊，要是員工真能做到自己管理自己，那還要我們幹嘛？」一個三十歲左右的男士翻著白眼吐槽道。

杜拉克導師看著他，嚴肅地說道：「是啊，我不敢保證每個員工都是自覺的。如果管理者將員工想得很自覺，那管理不一定成功；可是如果管理者把員工想得很壞很無能，那管理一定會失敗。」

「這麼說太絕對了吧？」男士滿不在乎地說道，「我只是想把自己跟員工區別開，何況，把他們想得平庸一些，他們才會為了證明自己而努力啊，不是嗎？」

「當然不是。」杜拉克導師無奈地攤手道，「我的孩子，你怎麼會有這樣的想法？如果管理者對員工表示了充分的信任和尊重，那對方才會為了證明自己不辜負你的期待而努力工作；如果管理者只會高高在上地俯視員工，嫌棄這個嫌棄那個的，那員工肯定不會好好工作，反而會在背後給你製造麻煩。當然，也有一部分員工是不通情理的。這些員工，不管你對他是尊重還是蔑視，他們都不會好好工作，那你要做的就是開除他們，以免擾亂公司的整體風氣。」

「是啊，」李彬在一旁說道，「我贊成杜拉克導師的話。就像白居易有句詩寫的，『賣炭得錢何所營？身上衣裳口中食』。員工來你這裡上班，

無非是要謀生。說句不好聽的，你到企業當高階主管，不也是為了生存嗎？每個人都要穿衣吃飯，只是工作內容不同而已，真沒必要誰看不起誰的。」

「我不是看不起他們，我的意思是 —— 他們是兵，我是將。兵不聽話，身為將帥當然要對其進行懲罰，我有這個權力管教他們。如果不分個高低，軍營早就一團亂了。遇到決策時，你難道要聽員工的指揮？讓員工給你下命令做事？他們懂決策嗎？」男士狡辯道。

「你這話真是讓人莫名其妙，你難道不知道管理的目的之一就是要凝聚人心嗎？每位管理者都希望員工能做到盡忠職守，這一點無可厚非。可是，怎樣才能引導員工盡忠職守呢？試想，如果員工對工作充滿了厭惡，對管理者充滿了反感和恐懼，時刻擔心被罰或被裁，他們又如何做到盡忠呢？如果管理者沒有替員工著想，也沒有讓員工感動的行為，員工又如何做到堅守崗位呢？」李彬皺著眉頭反駁道。

「那你的意思是，即便員工做錯了事，我為了顧及他們的感受，也乾脆不要罰他們了？沒規矩不成方圓，你到底懂不懂管理？」男士反唇相譏。

「如果員工做錯事當然要罰，但我從頭到尾只聽到你要罰他們，卻沒聽到你要獎勵他們，你不覺得自己太偏激了嗎？」李彬淡淡地說道。

「他們拿錢辦事，好好工作是應該的，為什麼要獎勵他們？」男士嗤笑一聲道。

「你要求他們生產 10 個零件，他們生產同品質的 15 個零件時，你就應該予以嘉獎。在他們犯錯時，你應該找出他們犯錯的原因，避免出現第二次錯誤，而不是直接懲罰他們。要想凝聚人心，管理者就必須要尊重人性。當發現員工情緒不良時，可以找員工進行長談，化解員工的煩惱和焦

慮，避免一名員工的壞情緒傳染整個團隊。我倒是真的可憐你手下的員工，跟著你肯定很痛苦。」李彬攤了攤手，一副痛心疾首的表情。

「你！」男士張了張口想要反駁，但一時間又找不到合適的話，只好灰溜溜地敗下陣來。

杜拉克導師讚許地看了一眼李彬，然後笑瞇瞇地說道：「沒錯，更何況，員工只有在基本需求得到滿足的時候，才能有更高的追求，才能向高層次的需求邁進。因此，動輒罰款、扣錢的做法是非常不得人心的。這不但對管理效果有害，還有可能讓員工對公司貌合神離，降低工作效率。」

「噢，天啊，管理真的是太難了。」一位捲髮女生顯然被李彬和男士的爭論繞暈了，說道，「一想到之後的管理工作，我就有點頭痛。」

「不要覺得管理學很難，」杜拉克導師溫和地說，「因為，管理要解決的問題，有 90% 是共同的，這也是我接下來要講的內容 ——」

第四節　管理要解決的問題有 90% 是共同的

「就像我剛才說的，」杜拉克導師說道，「在所有的企業裡，有 90% 的問題其實都是一樣的，需要自己發揮的部分只有 10%。」

「啊？管理有這麼簡單嗎？」捲髮女生驚詫道，「我怎麼覺得，每個管理者用的方法都是不一樣的呢？您能說說看，管理要解決的共同問題嗎？」

「當然可以，我的孩子。」杜拉克導師耐心地說道，「其實，管理無非是讓公司營運更有效率的手段，而公司又是由人組成的，所以，管理要解決的問題，無非是人的問題。」

捲髮女生點點頭，在紙上飛快地記著重點。

杜拉克導師繼續說道：「管理學要解決的『人的問題』，其實也就是員工和管理者的問題。員工的問題，具體包括三個方面：一是員工的態度問題；二是員工的能力問題；三是員工間的合作問題。我們先來看第一個問題。」

杜拉克導師喝了口水，侃侃而談道：「員工想不想跟著你工作，主要看你能給他們多少錢，能在多大程度上給予他們重視。在沒有足夠福利的情況下，管理者就不要要求員工的忠誠度了。畢竟大家出來工作，首先要解決的都是溫飽問題。中國有句老話，叫『重賞之下，必有勇夫』，這話用在管理上也是一樣的。要想讓員工端正態度，企業要先保證他們的利益不受損失。這裡的利益既包括薪資利益，也包括精神層面的利益。」

「那第二個問題呢？」同學們迫不及待地問道。

「要解決員工的能力問題，光給他們好的待遇是不夠的，我們必須依靠科學管理。上節課，泰勒導師都給你們講過科學管理的內容了吧？」

「是的，講過了，我要制定科學合理的制度，同時要將流程化、標準化作為科學管理的核心，對嗎？」杜偉男總結道。

杜拉克導師笑瞇瞇地肯定道：「沒錯，非常正確。其實，這就跟小孩子讀書是同樣的道理。要是想提高孩子的成績，就要給他們找名校，找名師。雖然名校和名師不能直接提高孩子的學習成績，卻能給孩子提供更科學的配套管理，這樣更能讓孩子根據自身的特點，獲得更好的提升。透過層層選拔的員工，必定是相對優秀的。企業能否將他們的特長髮揮出來，就看後期的科學管理和培養了。」

「那，員工間的合作問題又該如何解決呢？」捲髮女生歪著頭問道。

「在員工態度、能力都得到保障後，我們就要解決合作問題了。」杜拉克導師微笑著指了指李彬，「就像這位同學剛才說的，管理的目的之一就是要凝聚人心，管理者要增強團隊的凝聚力和向心力，不能讓員工像一盤散沙一樣各做各的。」

「怎麼增強團隊的凝聚力呢？」捲髮女生不安地說道，「我覺得我是個特別沒有魄力的人，所以，員工肯定不會因為我的個人魅力而服從我的。」

杜拉克導師安慰她道：「孩子，你多慮了，我給你三個增強團隊凝聚力的方法吧——第一，你要採取民主的方式，讓員工勇於表達自己意見，這樣能讓他們感受到自己正在參與團隊的決策，從而提高他們的工作積極性與自主性；第二，你要跟員工建立起良好的溝通管道，讓員工在有問題回饋時，能有機會直接跟你面談；第三，你要建立起屬於團隊的激勵機制，在公司獎懲措施的基礎上，你要給你的員工再建立一個讓他們區別於其他員工的獎勵機制，這樣才能提高員工的積極性，也能讓員工更願意按照你的話做事。」

捲髮女生感激地點了點頭，說：「啊，我明白了，謝謝您，杜拉克導師。」

「員工的問題講完了，那管理者的問題呢？」同學們紛紛問道。

杜拉克導師對她眨眨眼，然後溫和地對大家說道：「其實，現代管理的核心職能，無非是最大限度地激發人的主觀能動性。其中，管理者與員工之間的互動，就是人發揮主觀能動性的顯著表現。在企業中，管理者如何提高員工素養，如何創造出和諧平等的環境，如何達成團隊目標與個人目標的統一，這都是管理者應當考慮的問題。在這一點上，我非常佩服中國著名小說《西遊記》裡的取經團隊。」

「您還知道《西遊記》呢。」杜偉男饒有興趣地說道。

「當然，其實，《西遊記》裡的取經團隊，就是一個相互制衡的團隊，也只有這樣的團隊才能順利取得真經。」杜拉克導師說道。

一個穿著印有「齊天大聖」衣服的男生說道：「他們能取經成功，還不多虧了孫悟空嘛。」

「不全是這樣的哦。」杜拉克導師笑著說道，「你看，唐僧是毋庸置疑的管理者。他是團隊的『師父』，雖然專業能力不強，卻立場堅定，堅決貫徹佛祖的指示。而孫悟空則是團隊中的『扛霸子』，有才，也高傲，甚至還有些看不起唐僧。為了更好地管住這個恃才傲物的人才，唐僧不得不借來了緊箍咒，這個緊箍咒也可以看作科學管理的方法。」

「那豬八戒跟沙和尚呢？」另一名男生顯然也是孫悟空的粉絲，「我看他倆除了拖後腿，什麼也不會幹啊。尤其是豬八戒，他就是出了名的馬屁精，除了說解散，還會做什麼？」

杜拉克導師說道：「你看，你小瞧八戒了吧。我們不說他長得醜，想得美，光說他在團隊中產生的作用。唐僧是管理者，孫悟空是人才，豬八戒則是潤滑劑。在唐僧跟孫悟空起爭執時，八戒總是堅定不移地站在唐僧身邊。當孫悟空惹怒唐僧時，豬八戒就添油加醋地說孫悟空的壞話，幫著唐僧說他。其實，這樣的人對於管理者來說是很有必要的。如果豬八戒跟孫悟空站在一起，再加上沙和尚，那唐僧這經也就別取了。」

同學們點點頭，嗯，是這麼個道理。

「那沙和尚呢，他有什麼用啊？」一些男生繼續問道。

「沙和尚當然有用，他是一個多麼吃苦耐勞的老實人啊！」杜拉克導師笑著說道，「你們看，挑擔牽馬、砍柴化緣、布施守援等辛苦工作，哪個不是這個老實人在做呢？」

「噢！果然。」大家恍然大悟，這麼看來，取經團隊真的是一個很科學的團隊。

　　「所以啊，管理者一定要學會識人、用人，讓每個人發揮自己最大的作用。管理者只有最大限度地激發人的主觀能動性，才能確保員工價值的實現。」杜拉克導師俏皮地眨了眨眼，說道，「好了各位，今天的內容就到這裡了，希望你們都能有所收穫，再會！」

　　同學們紛紛起身鼓掌，以報答杜拉克導師給大家帶來的如此精彩的一課。

第四章
哈羅德 ‧ 昆茲導師主講「職能」

本章透過四個小節，講解了哈羅德‧昆茲的職能管理理論的要點。在哈羅德‧昆茲看來，企業管理就像在叢林中穿梭。這是一種很有意思的比喻。為了幫助讀者更好地理解哈羅德‧昆茲的職能管理學，作者將哈羅德‧昆茲的觀點熟練掌握後，又以幽默詼諧的方式和簡明易懂的語言講述給讀者。對職能管理有興趣的讀者，本章是不可錯過的部分。

哈羅德‧昆茲

（Harold Koontz, 1908-1984），美國管理學家，管理過程學派的主要代表人物之一。曾在美國和歐洲各國講授管理學，並在美國、荷蘭、日本等國的大公司中負責諮詢工作，曾就任美國管理學會會長。昆茲將法約爾的管理活動理論，在計劃、組織、指揮、協調和控制的基礎上，變更為計劃、組織、人事、指揮和控制五項。1941 年起，哈羅德‧昆茲陸續出版了二十餘部著作，同時發表了八、九十篇論文。其主要代表著作有《管理理論的叢林》、《再論管理理論的叢林》等。

第一節　管理大門的金鑰匙

自從聽了杜拉克導師的課，李彬和杜偉男回去就大刀闊斧地裁撤掉一批高階主管。

別說，裁撤掉一些高階主管後，公司的風氣在短時間內就有了明顯的變化。

有一天，李彬因為跟加盟商談得有些晚，七點多才從辦公室走出來。經過員工區，他發現人事部門的燈還亮著。跟加盟商過去一看，有兩個員工正在電腦前登錄資料。

「怎麼還不下班？」李彬隨意地問道。

兩名員工立刻站起來，其中一個女生笑著說道：「李總，您不知道，我們新來的經理特別能幹。您想想看，經理都這麼能幹了，我們也不能太清閒呀。」

另一名女生點點頭，小聲說道：「是啊，我倆速度比較慢，但是不想讓團隊『落漆』，更不想給公司拖後腿，所以就加班多做一點。」

「嘿，李總，你們公司員工真不錯，看來加盟你們是個正確的選擇。」加盟商在一旁笑著說道，「我們吃飯的時候，順便把合約簽了？」

「好的，我請客。」李彬很高興，心裡暗暗想著，杜拉克導師的目標管理法果然不錯，這些員工的目標，已經開始跟企業目標相契合了。

自從發生了這件事，李彬就更盼著 R 大的管理課了，好不容易熬到了上課當日。他心想：「今天，又是哪位導師上課，要講些什麼內容呢？」

來到禮堂，這次更是座無虛席了。無奈，李彬和杜偉男只好站著聽課。

他們倆剛選了個離講臺近的角落，就看見一個西裝革履，戴著墨鏡的中年男子走上講臺——又是個西方人。臺上人看起來有些眼熟，杜偉男想到了一個綽號——遊俠。

「嗨，各位好，我是大家的講師——哈羅德·昆茲，我有一個綽號，叫『管理叢林中的遊俠』，不知道各位聽說過沒有？」昆茲導師歡快地說道，「今天我們的內容是非常重要的職能管理，希望大家能在我的課上有所收穫。」

跟同學們打完招呼後，昆茲導師就打開了話匣子：「我們都知道，不管什麼類型的團隊，其中都存在性格各異的員工。就像每個人性格不同一樣，每個人擅長的領域也都不同。雖然在多數情況下，員工是不會主動引發爭執的，但共事久了，難免有些恃才傲物、性格孤僻的『人才』，不願跟團隊中的『凡夫俗子』共事。」

「您說得對。」一個紮著紅色暗花領帶的男子接話道，「我的團隊裡就有這樣的人，他不僅給團隊帶來了消極影響，還相當藐視我這個領導者，

覺得我在專業技能上並不如他。可是其實我原本就是學管理的，跟他本就術業不同。」

　　看著男子忿忿的樣子，昆茲導師笑眯眯地說道：「是啊，所以管理者要了解每位員工的性格定位和領域定位，這樣才能針對某類員工進行具體管理。（如圖 4-1 所示）要知道，『江山易改，稟性難移』，你想改變員工的性格是不可能的，相比之下，改變你的管理方式更容易實現。」

每個人都有自己的個性，員工也是如此。管理者要學會根據員工的性格特點做具體管理。

圖 4-1 管理員工要「因材施教」

　　「嘿，這些外國導師，運用起中國的俗語典故倒是得心應手。」杜偉男暗暗想道。

　　男子皺了皺眉頭，問道：「那您說，對於這種員工，我應該怎麼辦？」

　　昆茲導師笑著說：「那得看他是哪種『孤僻者』了。這類人有的『吃捧』，你『捧』著他來，他就會明確一點 —— 你知道了他的重要性。這樣一來，他自然會好好為你工作。有的『吃激』，你越『捧』他，他越覺得你什麼都不懂，這樣反而不好管理。如果你適當地使用『激將法』，將

一些難題和挑戰拋給他，他就會為了證明自己是個人才，而為你解決難題。」

男子恍然大悟地點點頭，佩服地坐了下來。

昆茲導師繼續說道：「其實，管理就像一門藝術，當你明確對方的角色定位，並採取行之有效的方式進行管理時，那就能有效地控制團隊，提高團隊的工作效能。而且，我們在管理時，不僅要注意每位員工的性格，還要注意員工之間的『性格搭配』。」

「性格搭配？我只知道『男女搭配，幹活不累』，這性格要如何搭配啊？」一位穿著格子襯衫的男同學納悶道。

昆茲導師笑著問道：「如果是你當管理者，需要為團隊選拔一些員工，你更喜歡選擇哪些員工？」

「當然是菁英了，最好整個團隊裡都是菁英，這樣才能比其他團隊的效能更高。」穿格子襯衫的男生毫不猶豫地答道。

「天真」。李彬暗自想道：「一個團隊裡全是菁英，那管理起來得讓你頭痛死。」

果然，昆茲導師說道：「確實，企業需要菁英，團隊也需要菁英。但是，這些攻堅菁英的性格往往不太合群，也不容易聽取別人的意見，更不願聽從其他菁英的安排。菁英其實就是團隊攻堅時的核心力量，如果一個團隊全是核心，那大家全都擔當發號施令的角色，誰來衝鋒陷陣呢？」

「啊，對了，這就跟杜拉克導師說的『西遊團隊』一樣，每個人都有各自的職能。如果像我剛才說的，取經團隊裡全都是孫悟空，那早就鬧翻天了。」穿格子襯衫的男生趕快說道。

「是啊，」昆茲導師感慨道，「團隊需要菁英，也需要苦幹實幹的人。

（如圖 4-2 所示）有些主管覺得苦幹實幹的人做事慢，創意也不行，所以不願意吸收他們進團隊。但這些苦幹實幹的人卻是最忠誠肯做的員工，一些命令都需要靠他們來貫徹執行。」

圖 4-2 完美團隊的構成

杜偉男點點頭，說：「沒錯。不過，苦幹實幹的人雖然踏實肯做，但同樣也有訴求問題。如果管理者只讓他們埋頭苦做，卻不傾聽他們的心理訴求，那這些苦幹實幹的人也會罷工的。」

「而且，管理者還要讓菁英和苦幹實幹的人各司其職。」李彬在一旁補充道，「如果讓苦幹實幹的人去做創意、公關等工作，讓菁英去做流水線，那團隊就會被弄得一團糟。」

「說得不錯。」昆茲導師俏皮地眨了眨眼，對李彬和杜偉男給予了肯定，又問道，「對了，同學們，你們知道我為什麼被稱作『遊俠』嗎？」

第二節　穿梭在管理叢林中的「遊俠」

聽完昆茲導師的提問，一個女生怯怯地說道：「因為您提出了『管理理論的叢林』？」

「沒錯，孩子。」昆茲導師說道，「其實，我早在 1960 年代，就看出了當時的管理領域簡直就是一團亂麻。當時，管理理論的發展還處在一個相當不成熟的階段，一些早起的管理學萌芽 ── 就是由你們的亨利·法約爾導師提出的 ── 這對我來說意義重大。但是，當時誰都不知道科學的管理法則到底是什麼，於是，一個又一個不同類別的管理學派冒了出來。」

「他們都是錯誤的嗎？」剛才提出「管理理論的叢林」的女生問道。

「雖然當時人們眾說紛紜，各持各的觀點，但並不能說他們是錯誤的。」昆茲導師說道，「相反，當時的每個管理學派都對管理學理論做出了一定的貢獻。但是，在我看來，管理學就是管理學，它只是一種理論，跟管理方法是不能混為一談的。就像物理課本上講的理論知識，跟實踐、試驗是完全不同的。」

女生點點頭，說：「是的，管理學是知識，管理方法是實踐。二者雖能結合，卻不能混為一談。」

「就是這樣。」昆茲導師笑瞇瞇地說道。

剛才那位穿格子襯衫的男生又有問題了：「昆茲導師，當時都有哪些管理學派啊？我只知道法約爾導師的管理過程理論。」

昆茲導師點點頭，說道：「是這樣的，當時的管理學派實在太過複雜，其中有管理過程學派，就是認為管理是透過過程進行管理的學派；人際關係學派，認為管理學的核心就是人際關係；群體行為學派，現在又被

稱作『組織行為學派』；經驗學派，是讓管理者透過實踐學到管理經驗的學派；社會協作系統學派，認為管理只限於正式組織；社會技術系統學派，他們認為個人態度和群體行為都會對工作造成影響；系統學派，他們認為系統方法是管理的最佳手段；決策理論學派，他們認為決策是管理理論的核心；數學學派，倡導者就是一些運籌分析師，他們想讓自己跟『管理學家』掛鉤；權變理論學派，他們認為管理者的實際工作，取決於他們所在的環境條件；經理角色學派，這在我們那個年代，屬於最新提出的學派，主要是用來確立經理人職務內容。以上一共是 11 個大的管理學派。」

「我的天哪，光聽您說，我的頭就有兩個大了。」穿格子襯衫的男生一臉茫然，說道，「這，這麼多學派，您是怎麼一個一個把它們駁倒的啊？」

昆茲導師微笑著說道：「這就把你嚇倒啦？當時的管理領域更為複雜呢，一些小的管理學流派暫且不提，就說這 11 個學派，幾乎每天都有新的本學派觀點冒出，情況複雜多變得很呢。不過，就像我剛才說的，它們並非一無是處，其中有些觀點，直到現在也非常適用。我要做的，只是在這些管理叢林中開闢出一條道路，找出一條切實可行的管理之路。」

「這麼複雜，您還得一個一個了解它們的理論，這樣太難了。」穿格子襯衫的男生攤手道。

「是啊，是不簡單。有時候，我剛披荊斬棘搞定一個理論，但它緊接著又出現了新的觀點，我不得不掉頭回去，繼續鑽研他們的管理學派。」昆茲導師說道，「後來，我將這些管理理論分成了 6 個主要學派，分別是管理過程學派、經驗或案例學派、人類行為學派、社會系統學派、決策理論學派和數學學派。我給自己定下的目標，就是要走出這片管理叢林。」

「格子襯衫」點點頭，說道：「怪不得，您被人們稱作『穿梭在管理叢林中的遊俠』。」

昆茲導師笑著說道：「被我留下的 6 個管理學派中，每個學派都對管理學理論做出了相應的貢獻，我想將它們的思想都歸納到一個管理職能中。不管是經驗也好，決策也罷，如果能有一個管理職能，能從各種不同的角度研究管理問題，那就好了。」

一個穿西裝卻配了雙白色運動鞋的男生說道：「其實，管理說白了，不就是管公司的活動嗎？把這些理論挑幾個糅合在一起不就可以了嗎？」

「你想得太簡單了，孩子。」昆茲導師說道，「管理學是系統研究管理活動的學科。雖然它主要應用在企業管理方面，但對於學校、軍隊、政府甚至科學研究機構來說，它們也同樣需要管理學來進行管理。所以，一些只針對企業的管理，並不能收入到管理學中。在我看來，管理學需要解決兩個問題：第一，這門學科是什麼，是做什麼用的；第二，這門學科應該如何應用。這第一個問題屬於認識論範疇，而第二個問題則屬於方法論範疇。對於管理學來說，它的知識體系構成也同樣需要解決這兩個問題。被我留下的 6 個學派，則是因為側重點不同，所以思考和歸納的角度不同。只是簡單地挑挑揀揀，是無法做到科學歸納的。」

「那，您歸納出來的管理學都有哪幾個方面啊？」男生疑惑道。

昆茲導師清了清嗓子，說道：「管理學嘛，肯定要有管理原理、管理內容、管理方法，具體又包括概念、性質和職能等。其中，管理職能既反映了管理學的全過程，也是管理原則的載體，一系列管理活動都是透過職能來完成任務的。所以，我們接下來要講的內容，就是這個管理職能。」

第三節　管理就是透過職能完成任務

聽到昆茲導師講職能，穿格子襯衫的男生立刻有精神了，問道：「昆茲導師，您說管理就是透過職能來完成任務，意思就是，管理者需要透過各種職能不同的員工來完成任務，對吧？」

「是的，每個員工都有各自的職能範圍和職責範圍。管理者需要透過他們來完成任務，從而實現管理，這是管理的本質。」昆茲導師肯定地說道。

「格子襯衫」說道：「是這樣，我在一家做網路的企業工作，剛入職就是資訊部門的副理。可是，最近總有員工在背後說我壞話，說什麼『新來的副理什麼都不懂，就會瞎指揮』。可是，我本來就是管理層的，我要是什麼都懂，還要他們做什麼？」

「小夥子，你這個想法有問題啊。」杜偉男笑著說道，「作為管理者，你可以在專業職能上不如某些員工，但在管理上一定要做好，這就是你的職能啊。你需要考慮的並不是『我懂不懂網路』，而是『我能不能調動他們的工作積極性』。你需要學會掌握激勵他們的技巧。」

「非常好。」昆茲導師表揚了杜偉男，又轉頭對「格子襯衫」說道，「其實，管理的本質是透過調動其他人的積極性來完成任務的活動。如果管理者什麼都懂，而且很勤勞，事事親力親為，那這個管理者肯定會患上各種過勞症，而手下的員工也就沒有了存在的意義。所以，管理者需要將自己的職能劃分成各種細小的職能，再將這些職能授權下去，透過職能分散、統一管理的方式，更有效能地完成任務，這就是管理的本質了。」

「泰勒導師跟杜拉克導師都跟我們提過授權。」穿格子襯衫的男生說道，「我明白了，企業管理者透過將自己的權力交託給別人，然後讓別人

去代替自己完成工作。無論是管理者將自己的權力全部授予一個人，還是管理者將權力分散授予不同的人，最終，都是為了更好地提高工作完成的效率。」

昆茲導師讚許地點點頭，說道：「沒錯，你總結得很好。企業管理在很多時候都是結果導向的，管理工作的每一個步驟、每一個環節都要符合結果的要求。如果做不到這一點，管理就會流於形式，得不到預期的效果。就像你說的，你可以不懂網際網路專業知識，但要懂得適當提拔有才華的人，讓他們來分擔你的審查工作。同時，你也要及時聽取員工們的意見，注意他們的回饋，不要讓他們有吐槽你的機會。」

「格子襯衫」點點頭。這時，一位雙馬尾女生舉手問道：「昆茲導師，什麼是結果導向啊？」

「所謂結果導向，就是說每一項工作都要以最終結果來進行判定。」昆茲導師說道，「其實，管理者並沒有那麼多的時間，去追求什麼所謂的過程完美。他們只能夠透過結果的數字和績效，來考察這項工作完成得怎麼樣。」

「噢，確實如此。」女生點點頭，說道，「雖然在運動會時，我們都會說『友誼第一，比賽第二』『重在參與』，但放在企業中，管理者履行職能的好壞，就只能透過結果來判斷。」

昆茲導師說道：「所以，作為管理者，我們要時刻問自己『我要達成的目標是什麼』，也要時刻思考『為什麼沒有達成這個目標』。只有這樣，我們才能不斷提高自己。」

李彬頗為感慨地說道：「是啊，很多中級管理者在管理過程中，缺少統籌和創新的意識。在向上級管理者請示問題的時候，總是帶著問題，將問題拋回給上級管理者。同時在匯報工作的時候，中級管理者總是強調自

己做了很多事，付出了很多努力，但最終的結果卻並不理想。殊不知，主管關注的，無非就是工作完成了沒有，最終的結果如何。」

　　杜偉男也點了點頭，說道：「確實，將工作交託給別人去完成，自己從整體上掌握工作的各個環節，根據結果對工作進行評判。找出相應的問題，及時進行改正，這才是管理工作以結果為導向的重要要求。」

　　一個女生在一旁說道：「昆茲導師，雖然說管理工作以結果為導向，強調工作結果，但這也並不意味著工作的過程可以被忽視吧？我認為，雖說管理者並不需要加入工作的過程之中，但我們還是需要透過結果對過程進行批評和指導的。」

　　「沒錯，你說得對。」昆茲導師說道，「管理者可以透過管理方法將工作交給別人去完成，但卻並不能因此而失去對工作任務的掌控。具體來說，就是管理者要從宏觀上去對他人的工作過程進行監督。及時指出別人工作過程中的不足，讓對方糾正這種不足之後，再去繼續下面的工作過程。錯誤糾正得越早，工作結果就會越好。」

　　「管理者不能過於追求結果，如果只追求結果，認為過程就是把工作推出去，那他就忽略了自己的職能。在達成目標時，管理者可以從工作計劃、工作過程中不斷對工作進程進行調整和修正。不要指望可以透過固有經驗去順利實現目標，管理者要考慮許多具體的情況。」女生在一旁侃侃而談道。

　　「是啊，看來你很有心得嘛，說得相當不錯。」昆茲導師讚許道。

　　「您說得沒錯，我的員工就出現過這樣的問題。」女生無奈地一攤手，道，「當時，我對一項任務進行了難度評估，確定這個任務只用一人就能獨立完成。於是，我挑了個能力最強的員工，然後就去忙其他事了。等快驗收時我把他叫到辦公室，他竟支支吾吾地告訴我，這項工作他還沒

有展開！原來，這段時間我沒有監督他，他就一直在偷懶。」

「噢，這真是太不幸了。」昆茲導師說道，「如果管理者託付工作之後，直接放手不管，那即使工作很容易完成，也可能因為員工的問題而沒有辦法按時完成。管理者想要提高企業的經濟效益，就必須要將工作任務分配出去。但如果，在工作過程中發現問題，就要及時處理。如果員工在工作過程中偷懶，就應該及時指正，或者將工作收回，交由別人去完成。（如圖 4-3 所示）」

圖 4-3 管理就是讓員工完成任務

女生點了點頭，說道：「是的，管理者有管理者的工作，就算下放權力了，他們也是要履行自己的職能的。」

「是啊，其實在我看來，職能管理就像一場比賽，我們要想獲勝，就一定要透過全方位的檢驗。所以，我提出了職能管理大賽的五項全能──」

第四節　職能管理賽的五項全能

　　昆茲導師說道：「我吸收了管理學前輩們的經驗，加上自己的歸類、延伸，將職能管理分成了計劃、組織、人事、指揮和控制五項。在我看來，管理就是透過別人將事情做成，這份工作原本就是一種藝術。而且，管理的概念、理論、原則和方法都是非常重要的。有些人為了解決問題，只看重管理的方法而忽略了管理的原理，這是不可取的。」

　　「您能具體講解一下這五項職能管理的內容嗎？」穿格子襯衫的男生問道。

　　「當然可以。」昆茲導師說完，拿出筆，在白板上寫了「計劃」、「組織」、「人事」、「指揮」和「控制」五個詞。

　　「我們先看『計劃』。」昆茲導師指著第一個詞語說道，「大家都知道，計劃是一項任務開啟前的準備，也是我們最先管理的內容。計劃所涉及的問題，就是讓人們來預測、模擬未來可能會發生的事情與風險，並針對這些事情作出決策，針對風險作出相應的解決對策。然後成立相應的組織結構，選拔參與任務的管理者和員工，劃分員工的職責範圍，這樣才算完成了任務開啟的前提。」

　　大家點了點頭表示明白。俗話說，「有備才能無患」，凡事做好計劃，讓任務有章可循，總比一上來就開始做，遇到困難就毫無頭緒要好。

　　昆茲導師指著第二個詞語說道：「至於『組織』，它是設計與維持團隊的一種結構。在劃分了職權範圍並設置了組織目標後，組織成員們就可以為了實現組織目標，而更有效率地進行工作。組織需要反映企業目標，也需要反映計劃，人員職責甚至是企業所處的社會、經濟、政治、技術等背景條件。」

是啊，其實員工是很複雜的管理對象，且不論菁英也好，苦幹實幹的人也罷，個人的能力總歸是有限的。組織存在的基本任務，就是有效管理複雜的對象，讓他們共同發揮最大的作用。

「關於『人事』部分，其職能比較複雜，因為涉及『人』的部分總是複雜的。」昆茲導師指著第三個詞語說道，「人事職能就是根據企業的經營需要，設計一定的標準，選拔相應的人員，並根據公司的人事方針，制定部門工作的程式與制度。同時，人事職能還包括對員工進行考核、檢查、培訓等。具體來說，人事職能就是涵蓋了選擇、僱傭、考評、儲備、培養及一些相關內容的工作。」

「關於『指揮』，想必各位都不會覺得陌生，」昆茲導師指著第四個詞語說道，「指揮跟領導一樣，在我看來都是一門藝術。若想引導員工們領悟並出色地實現企業目標，指揮職能至關重要。具體來說，這門藝術涵蓋了以下三個方面：一是鼓舞員工們的士氣；二是根據具體條件，制定相應的激勵措施；三是讓員工能形成一種氛圍，並對激勵措施做出反應。」

「那，昆茲導師，」一位女生看著白板上最後一個詞語，說道，「這控制又是什麼意思呢？控制跟指揮，難道不是同樣意思嗎？」

「當然不是，控制是這五種職能中最為複雜的職能。」昆茲導師說道，「控制職能，就是要按照事先制定好的計劃，來衡量計劃完成的情況，目的是糾正計劃中的錯誤，保證計劃能夠順利實施。」

女生點了點頭，說：「也就是說，控制就是風險控制了？那它要遵循什麼原則呢？」

昆茲導師說道：「控制職能，就是要先確保能夠實現計劃的目標。所以，它必須要根據計劃，明確劃分職責。我們在履行控制職能時，要盡量採取直接控制，這樣才能保證效率。而且，控制需要有相應的組織作為依

託，同時依靠合適的人事與消息，抓準關鍵點，透過靈活精準的手法，在發現偏差時採取及時的行動。」

女生點了點頭，說：「昆茲導師，其實我還有一件事不太明白。」

「請說，」昆茲導師似乎很喜歡有學生向他提出問題，說道，「我一定知無不言。」

女生不好意思地撓了撓頭，說：「剛才聽您講了半天，我有點搞不懂職責和職能的關係了，它倆是同個意思嗎？我聽起來好像都差不多似的。」

「當然不是。在管理學中，職能和職責雖然容易混淆，但它們所表達的意思並不一樣。」昆茲導師說道，「從字面上看，職能是職務能力，職責是職務責任。職能指的是為了提升工作成效、企業競爭力、營運力和影響力，人們制定的一系列方法，比如組建部門、制定計劃、制定規章制度等；職責是某個人在某個職位的責權範圍，或者某個團隊所承擔的任務與要負的責任。（如圖 4-4 所示）」

「噢，我明白了。」穿格子襯衫的男生說道，「您的意思是，職能針對的對象是部門或企業，而職責針對的對象是個人或團隊？」

「是的，可以這麼理解。」昆茲導師笑瞇瞇地說道，「而且，職能就是企業、部門等所擁有的權力與能力，而職責不僅被賦予了權力，還被賦予了責任。」

「噢！我明白了，謝謝您。」女生感激地說道。

「不客氣，孩子們，今天關於職能管理的部分，我們就講到這裡了。」昆茲導師俏皮地眨了眨眼，說道，「希望我的課程能給大家帶來收穫與啟發，別忘了，我是 ——」

「『穿梭在管理叢林中的遊俠』！」大家異口同聲道，同時爆發了熱烈的掌聲。

圖 4-4 職能與職責

第五章
愛德華茲 · 戴明導師主講「控制」

本章透過四個小節，講解了愛德華茲·戴明的品質控制管理理論的要點。在愛德華茲·戴明看來，企業的品質控制管理是至關重要的一環。品質是生產的重中之重，如何控制品質也是無數管理者迫切想要解決的問題。作者將愛德華茲·戴明關於品質控制的觀點熟練掌握後，以一種輕鬆幽默的方式呈現給讀者。想要提高這方面管理能力的讀者，本章是不可錯過的部分。

愛德華茲‧戴明

　　(William Edwards Deming, 1900-1993)，美國管理學家、統計學家、物理學博士、作家、講師及顧問。1928 年，戴明博士在耶魯大學獲數學物理博士學位，而後長期任教於紐約大學，其任教時間長達 46 年。戴明博士是世界著名的管理專家，尤其擅長品質控制管理，他對世界品質管理發展做出了卓越貢獻，從而享譽全球。以「戴明」命名的「戴明品質獎」，至今仍是日本品質管理領域的最高榮譽。

第一節　檢驗＝準備有瑕疵品

　　自從上了昆茲導師的課，李、杜二人便更加重視職能管理了。

　　這日，杜偉男正在辦公室查看這週的工作匯報，祕書敲門進來了，說：「杜總，我們這個月的餐飲品質還要檢驗嗎？」

　　「當然要檢驗，不檢驗，怎麼能知道餐飲品質是否合格呢？」杜偉男皺著眉頭說道。

　　祕書趕快點頭，道：「好的杜總，根據上個月的檢驗報告，我們的餐飲品質不合格率控制到了 5%，請問這次是否還按照這個檢驗標準進行檢驗？」

　　杜偉男考慮了一下，說：「這樣吧，這回控制在 3%，讓大家盡量不要超過這個數字。」

　　「好的，我知道了，杜總。」祕書恭敬地說道。

　　晚上，杜偉男跟李彬早早來到禮堂，看著杜偉男心不在焉的樣子，李

彬忍不住開口道：「我說你也別老是這麼心事重重的了，不就是個檢驗標準嘛，3％也沒有多苛刻，你怎麼還老是想著這件事呢？」

杜偉男搖搖頭：「哎，也不怪我老是想著這個，品質問題原本就是大事，我自然想讓大家減少瑕疵品的數量。可是不知道為什麼，這個瑕疵品的數量老是降不下來，你說我能不擔心嗎？」

「嘿，我說年輕人，你的公司產品品質不合格，是因為你管理的方法不對！」一個男人大著嗓門在杜偉男身後嚷道，同時還拍了杜偉男的肩膀一下，嚇了他一跳。

杜偉男一回頭，只見一個西裝革履的西方老人笑意盈盈地站在他身後。這個老人的頭髮已經花白，藏在眼鏡後的一對小眼睛閃耀著狡黠的光芒。

「您說我的管理方法有問題？」杜偉男疑惑地問道。

「是啊，是啊，孩子。」這位西方老人說道，「但在我告訴你如何操作之前，還是先讓我介紹一下自己。我叫愛德華茲・戴明，物理學博士，美國管理學家、統計學家、作家、講師及顧問，非常擅長『控制』管理……」

「好了好了，我們都聽說過您，您就別自誇了。」一個戴著大眼鏡的男生說道，「還是快跟我們說說怎麼保證產品品質通過檢驗吧！」顯然，這個眼鏡男也遇到了跟杜偉男相同的難題。

「哎，年輕人不要急嘛，保證產品品質通過檢驗的方式就是 —— 乾脆不要檢驗。」戴明導師鄭重地說道。

本來豎起耳朵傾聽的學生們立刻垂下腦袋，嘿，這不跟沒說一樣嘛，不檢驗就不知道哪些產品是不合格的了，自然也就沒有檢驗合格率了。

「您這不是廢話嘛⋯⋯」眼鏡男小聲嘟囔道。

杜偉男皺著眉頭說道：「我說，戴明導師，您不檢驗產品，不合格的產品就會流到市場上，到時候就會砸了公司的招牌，降低我們產品的影響力，這不是得不償失嗎？」

戴明導師自信滿滿地說道：「我就不檢驗產品的品質，因為，你如果增加了檢驗一關，那就等於告訴員工『我可以接受有瑕疵品』！（如圖5-1所示）」

「什麼？什麼意思？」杜偉男一頭霧水，說道：「我當然不接受產品中有瑕疵品！可是，如果你不檢驗，又怎麼知道有沒有瑕疵品呢？」

圖 5-1 檢驗不是管控的最好途徑

同學們也被杜偉男和戴明導師繞暈了。

只見戴明導師神祕一笑，說道：「就像我說的，你增加了檢驗一關，名義上是為了保證產品品質，但實際上，即便你將瑕疵品檢查出來，那也已經太晚了。何況，你還要浪費檢驗產品的成本，得不償失。正確的做法是 ——」

戴明導師在白板上寫道：控制生產過程。

「噢，」杜偉男這才明白戴明導師的意思，說道，「您是說，在生產階段進行管理，有效控制產品品質，這樣就能在源頭上杜絕產品的品質問題，也就不用再浪費一道檢驗的工序了？」

戴明導師笑瞇瞇地說道：「聰明！十分正確！」

同學們想了想，也是，與其等到產品都生產出來再銷毀或退回重做，倒不如在生產階段就嚴格掌控品質，這樣又省時又省力，還能有效控製成本。

眼鏡男又舉起了手，問道：「那，我們應該如何控制生產過程呢？有什麼需要注意的嗎？」

「當然，生產管理是控制管理的重要組成部分，也是企業管理的重要組成部分。」戴明導師推了推眼鏡認真地說道，「比如你要制定相應的生產制度，比如採用『按勞分配』、『階梯薪資制』等方式，這樣能調動員工的積極性，保證公平生產、公平競爭，提高工作品質與效率。再比如你可以營造一個良好的生產環境，對員工進行嚴格規範和監督等。」

「僅僅制定規章就可以了嗎？我覺得我們公司的相關規章制度非常好啊，但是生產出來的產品，其合格率連 90% 都達不到。」眼鏡男頗為懊喪地說道。

戴明導師趕快說道：「當然不是啦，我還沒說完呢。其實，管理真正需要管的對象就是『人』。既然是管人，我們就不能只靠制度管人，還要靠人來管人。所以，選拔一個工廠主任是很重要的。當然，這個工廠主任不是選出來就結束了，而是要賦予他權力，也讓他承擔相應的責任。產品出的任何問題，都要由工廠主任直接負責，這樣才能真正杜絕產品的品質問題。」

「噢，明白了，就是選一個監督的人吧？我們倒是有工廠主任，看來回去我得找他談談了。」眼鏡男憤憤地說道。

戴明導師吐了吐舌頭，繼續說道：「這個工廠主任要做的，就是加強跟員工之間的交流，當遇到問題時，要及時跟進解決問題，這樣才能讓員工少走彎路。（如圖 5-2 所示）同時，加強溝通還能避免命令傳達錯誤等失誤，可謂是一舉多得。」

「再有就是明確分工了。」戴明導師喝了口咖啡，繼續說道，「工廠主任若不想被整個的生產責任壓死，就要學會將責任分攤給每一個員工。這就需要他對員工的分工、定位有一個明確的安排，並且將責任細化到個人，這樣才能讓員工覺得有使命感和危機感，從而降低工作出錯的機率。」

圖 5-2 生產過程中要加強討論

眼鏡男點了點頭，說道：「明白了，看來這個控制管理的確很重要。」

「當然。對了，之前昆茲導師在講述職能的時候，是不是已經提到控制了？」戴明導師笑瞇瞇地問道。

「是啊，昆茲導師說過，控制是一種非常複雜的職能。」同學們紛紛說道。

「沒錯，控制就是讓管理者能在管理過程中避免一些問題，糾正一些偏差。而且，正確運用控制職能，還能讓其成為恐懼心理的驅散劑呢！」戴明導師神祕地說道。

第二節　恐懼心理驅散劑

「驅散恐懼？不過是份工作而已，有什麼好恐懼的？」一些還沒步入社會的同學不解地問道。

「這裡的恐懼並非是指鬼啊神啊，也不是指什麼恐怖主義。而是讓大家在工作的時候，必須有這個勇氣去提出問題或者表達自己的想法。」戴明導師說道。

一個短髮女生說道：「呀，那我可不敢，在我們部門，主管說什麼我就得做什麼，多問一個問題，主管就能拿眼神殺死我。」

戴明導師皺著眉頭：「是嗎？那你們團隊的工作效率怎麼樣？」

「極差。」女生不好意思地笑了，解釋道，「倒不是我們能力不夠，您想，她平時就跟我們擺臭臉。我們做得好，她覺得理所當然，還拿我們的工作結果去邀功。我們在工作上有什麼問題想請教她，她不但不教我們，還覺得我們跟白痴似的什麼都不懂。可是我們剛參加工作，哪能什麼都懂呢？」

戴明導師攤手道：「看吧，同學們，這位朋友的主管就是個很不懂控制管理的主管。作為一名管理者，在與員工溝通的過程中，經常會遇到

『秀才遇到兵，有理說不清』的事情。尤其在跟基層員工進行溝通時，基層員工聽不懂管理者的要求，管理者不懂基層員工的操作流程，這樣的情況會讓雙方不願繼續溝通，而溝通的缺失也會造成嚴重的管理後果。」

短髮女生搖搖頭，說：「戴明導師，雖然她從來不跟我們溝通，但我覺得溝通不是主要問題，問題還是她的人品不好。」

戴明導師笑著說道：「你都沒跟她深入交流過，怎麼知道她的人品不好呢？而且，主管是有很多事情要做的，也有不少風險要擔，只是你們接觸不到這些罷了。就像你說的，有問題她不願意教你，但你自己想一下，大部分問題是不是都能靠自己解決，或者留心觀察別人的解決方法？所以，還是你們之間的溝通出現了問題。」

女生歪著頭想了想，嗯，好像是這麼回事。

戴明導師繼續說道：「你們想想，管理者如果不時刻與基層員工保持連繫，又怎麼能在工作中作出正確決策呢？基層員工手中的資訊，往往是產品的第一資訊。因此，管理者要想讓決策符合產品的市場利益，就必須要保持與基層員工的溝通。」

杜偉男點點頭，說道：「您說得對，再完美無缺的計劃，如若離開了基層員工的智慧，也不過是無法實現的空中樓閣罷了。」

戴明導師笑著說道：「沒錯，你說得很對。溝通的目的就在於傳遞資訊，管理者能透過溝通對員工進行更好的管理；員工也可以透過溝通將真正有價值的建議傳達到管理階層和決策階層。」

「那，管理者應該怎麼跟員工建立有效溝通啊？」剛才的女生問道。

戴明導師笑意盈盈，說道：「你看，身為管理者，他們需要讓基層員工對所接到的命令進行及時回饋，這樣才能在源頭扼殺彼此間的誤會。」

「管理者應該用什麼方式讓員工進行回饋啊？」女生問道，「難不成，

還要專門成立一個回饋機構？那樣也太煩瑣了。」

「不用這麼麻煩。」戴明導師說道，「管理者向基層員工布置一項任務後，可以直接問一句『你們明白我的意思了嗎？有問題可以提出來』。如果員工都表示明白了，管理者可以從中挑選一人，讓其複述一遍任務內容，如果他能複述出來，就證明任務下達是明確的。以後，即便有其他員工不了解任務，去問這個員工就好了。」

「確實，在源頭上控制，總比工作做了一半才突然發現做錯了要好。」女生說道。

戴明導師愉快地拍了拍手，說：「是啊，所以說，控制真的是很重要的管理手段。為了更好地進行控制，管理者在下達命令時，也需要使用員工能聽懂的話。比如有些主管，覺得自己身為管理者，需要用一些高級的詞彙、英文或『行話』來交流。殊不知，員工根本不會覺得你的『行話』多高級，反而會覺得你在賣弄，而且也聽不懂你要傳達的命令。」

「哎，您說得太對了。」女生說道，「我們那個主管就是這樣，動不動就說英文，發音還特別不標準，大家都聽不懂她想說什麼。」

大家聽了，都有些忍俊不禁。戴明導師則哈哈大笑道：「那我可以給你們主管出個主意，下次溝通前，你們主管可以先把任務內容影印成書面稿，這樣一來，你們能看懂具體內容，她也會覺得比較正式。」

女生聽完連連點頭，說：「太好了，我回頭就跟她溝通一下。哎，我是真的害怕跟她說話，有時候，本來我都打好了草稿，結果一看見她我就嚇得什麼都說不出來了。」

「看來你們主管很強勢啊。」戴明導師笑著說，「這可不好，如果管理者太強勢，又在控制方面沒有做好，那員工根本就不敢往上反映，這也難怪你們團隊績效較弱了。」

剛才的眼鏡男嘆了口氣，說：「聽了這位女士的話，我也覺得我在工作中做得不夠好，我的員工可能對我也會產生恐懼心理吧。」

圖 5-3 驅散員工的恐懼心理

戴明導師安慰道：「雖然我不知道你們公司是什麼情況，但我在十四條管理原則中說過，每個員工都是能夠為企業進行有效工作的。如果他們的恐懼感強，那工作效果就差，而且，恐懼不僅會降低效率，還會產生謊言、敷衍等問題，最後讓企業付出沉重代價。其實，說到上級對下級的控制，主要還是要依靠溝通。畢竟，溝通是消除彼此隔閡的妙方嘛。」

眼鏡男猶豫了一下，舉起手道：「戴明導師，除了溝通，還有沒有其他消除隔閡的方法？我覺得我還滿有親和力的，不管是長相，還是性格，可是不知道怎麼回事，我手底下的員工見了我，就像老鼠見了貓似的。」

戴明導師哈哈大笑，聲如洪鐘道：「那你可得好好學學控制管理了，要想消除隔閡，你得找對方法 ——」

第三節　消除隔閡的妙方

「找對方法？」眼鏡男那藏在鏡片後面的雙眼一亮，說道，「您具體說一下。」

戴明導師說道：「消除隔閡是指管理者要學會跟員工進行溝通，當然，控制管理光靠上下級溝通還不夠，還要讓部門與部門之間做到通力合作。在控制管理中，消除上下級之間的隔閡是較為容易的，我們也先來講解這一部分。」

戴明導師喝了口水，對眼鏡男提問道：「你應該知道，每個人都是不同的，他們的性格、思維、能力等方面也都是不一樣的。同樣的控制方式，對員工甲適用，但對員工乙可能就行不通。我且問你，對性格倔強剛毅的員工，你會採用什麼溝通方式？」

「性格剛毅？嗯⋯⋯就直接溝通囉。」眼鏡男顯然沒想過這個問題。

戴明導師搖了搖頭，說：「你看，這類員工通常能吃苦，工作也比較踏實。如果他們自己不主動找管理者溝通，那麼管理者的溝通一般很難收到效果。由於他們倔強，即便管理者用身分壓住了他們，讓他們表面上服從了，但暗地裡，他們仍然不會按管理者的要求做事。我行我素就是這類員工的明顯特徵。因此，你在對付這類員工時，一定要引導他們發現自己的問題，而不是劈頭蓋臉地訓斥他們一頓。」

眼鏡男略一思索，嗯，有道理。

他想了想，又把問題拋給了戴明導師，說：「戴明導師，那您說，跟那種沉默寡言的員工怎麼溝通？」

「沉默並不意味著踏實，有些員工只是膽小寡斷。當管理者與其溝通

時，這類員工通常會以為管理者要懲罰自己，反而更加害怕。所以，管理者要採用比較柔和的方式指出他的錯誤。」

「哦，怪不得，他們總是這麼怕我，可能因為我對誰都是一樣的態度。」眼鏡男頗為無奈地說道，「還是跟爽快點的員工溝通比較舒服。」

戴明導師搖搖頭：「不一定哦，通常來說，外向爽快的員工會更加粗心，當他們犯錯時，也會把錯誤『大事化小，小事化了』。因此，管理者在與他們溝通時，要注意使用更為嚴厲的口吻，不要拐彎抹角地提建議。」

「那，要是碰見特別傲慢的呢？」一個女生問道。

眼鏡男顯然是個暴躁脾氣，說道：「那就直接開除吧，對主管還敢傲慢。」

戴明導師趕快說道：「那可不行啊，一些有才華的員工，通常在性格方面會顯得比較傲慢。這時候，管理者要有意無意地展露自己的才華，在溝通時，先表揚對方的優點，滿足了他們的虛榮心後，再提出需要改進的地方。跟自尊心強的員工溝通時，也要注意這一點。」

眼鏡男不好意思地笑了笑，說：「哎，我就是說著好玩的。那，跟做事拖拖拉拉的員工怎麼溝通啊？我跟這樣的人談話，就感覺是拳頭打在棉花上，無法發揮任何作用。」

戴明導師想了想，說道：「這樣的員工態度淡漠，你可以使用激勵管理法對其進行控制管理。總之，管理者在面對不同類型的溝通對象時，一定要使用不同的方式，因人而異才能達到有效溝通的目的。（如圖 5-4 所示）」

圖 5-4 消除隔閡的管理者

眼鏡男點了點頭，說：「您說得對，之前是我疏忽了。其實，不少管理者都不太重視溝通問題，總覺得員工只要按照命令做好分內的事就好，沒有什麼溝通的必要。但其實不是，跟員工的對話是十分必要的，尤其是跟優秀員工進行對話，這也是我們籠絡感情的重要方式。」

「你能這麼想，我真的很欣慰。」戴明導師笑著說道，「這證明我這課沒白上啊。」

大家都笑了，李彬問道：「戴明導師，我覺得我也不是個好的溝通者，但是我想了想，又找不到自己失利的原因，您可以幫我分析一下嗎？」

戴明導師點點頭，說：「我試著幫你分析一下，你看看這些情況中有沒有你能對號入座的。第一種原因，管理者的溝通方式比較老套。管理者

沒有採取因人制宜、因事制宜的管理方式。這類管理者通常會採用會議、匯報等傳統的溝通方式，員工的溝通需求完全得不到滿足。」

李斌想了想，說：「確實，我比較喜歡用會議形式來溝通問題，第二種呢？」

戴明導師愉快地說道：「第二種，就是管理者的溝通方式缺乏互動。一般情況下，管理者都會把自己的想法傳達給員工，但卻沒有耐心或願望傾聽員工的想法。這就造成了溝通一邊倒，溝通效率不高。」

「是啊，我喜歡採用會議的形式進行溝通，就等同於缺乏互動了。」李彬感慨道。

「沒錯，但如果採用 0 互動的方式進行溝通，那麼領導想傳達給員工的訊息中，只有25%左右能被員工理解，其餘的命令，員工們也都是一知半解的。」戴明導師攤手道。

杜偉男在一旁說道：「看來主管也不好當啊，忙碌之餘，還要顧著與員工溝通。」

戴明導師笑著說道：「不過，與員工溝通也是讓公司變好的方式嘛。再有，第三種原因就是管理者的溝通方式與員工的認知存在差異。由於管理者與員工在認知層面存在差距，所以導致雙方對問題的看法或理解有所不同。比如管理者會把主要精力放在對外部的溝通上，這就會造成員工不理解管理者決策的意圖，也會造成上下級意見不統一。」

李彬皺著眉頭道：「這就跟中層管理者有關係了吧。一般來說，我們會把命令告訴下面的管理者，而後由他們與員工溝通。看來，我們回去要嚴抓這個溝通問題了。」

戴明導師笑瞇瞇地說道：「是啊，還有最後一種原因，就是管理者在溝通技能上有所欠缺。有些人原本就性格內向不願說話；有些人跟誰說話

都很高傲；還有些人天生脾氣暴躁，讓員工看了就害怕。這也難怪溝通出現問題了。」

大家又笑了起來，李斌想道：「嗯，這最後一條跟我沒關係，我還是很親和的！」

戴明導師喝了口水，然後笑著說道：「剛才我說了，部門與部門之間的通力合作，也是控制管理中至關重要的一部分，下面我們就來講一講這部分。」

第四節　控制就是通力合作

「所謂通力合作，就是讓各部門之間相互協調，互為輔助。這樣才能達到『1+1>2』的效果。」戴明導師說道，「通力合作也是控制中至關重要的部分。不管是什麼類型的企業，都需要打破部門間的障礙，讓合作與競爭並行。」

杜偉男說道：「戴明導師，我是做飯店的，但現在旗下也有不少延伸產業。可是，除了採購部跟其他部門能通力合作外，其他的部門好像都是獨立的啊。」

李彬點點頭，也在一旁補充道：「是啊，人事部、業務部、生產部、行政部、採購部，這些部門看起來都是各司其職的，也只有採購部能跟其他部門有點交際了。」

「不，非也非也。」戴明導師伸出食指搖了搖，說道，「部門之間能否通力合作，是直接影響企業運轉效率的大事啊。（如圖 5-5 所示）如果你們還沒意識到部門間缺乏合作，那就證明你們的管理機制出現了問題！」

圖 5-5 部門間的通力合作

有這麼誇張嗎？杜偉男和李彬被嚇了一跳。

只見戴明導師繼續嚴肅道：「你們看，企業營運就像農夫耕田一樣，第一步就是要分工明確。各個部門就像家庭成員一樣，要分清誰去耕地，誰去播種，誰去灌溉，誰去施肥等等。這些分工不可能由一人獨立完成，比如播種的時候，施肥和灌溉的人也要從旁協助；再比如耕地的時候，前面的人也要等一等後面播種的人。如果分工出現絕對化，那耕田不僅浪費時間，還無法取得良好收益。」

「嗯，您說得有點道理。」杜偉男承認道。

「孩子，不是有點道理，那是相當有道理啊。」戴明導師聲如洪鐘道，「你看，如果只有分工而沒有合作，就會出現這樣的情況：播種的說地還沒耕完，耕地的說牛還沒買來，買牛的說錢在施肥的那裡，施肥的說錢買了肥料了，讓播種的先把種子種下去……部門間相互踢皮球，這就是

一團亂麻。」

「您說得對。」李彬心悅誠服道，「可是，各部門間要如何合作呢？」

「我可以給各位一些建議，用以加強各部門間的通力合作。第一個建議，最高主管要改變自己的做事風格。」戴明導師說道，「企業是最容易出現『上行下效』的地方，如果老闆本人的做事風格就是我行我素型的，出了問題也只會責怪下屬，那各個部門的管理者也會有樣學樣，以求跟公司的整體風氣吻合。」

杜偉男想了想，自己做事還是非常民主的，於是繼續問道：「那第二個建議呢？」

「第二個建議，就是各部門要建立好先進的溝通體系，做到與其他部門相互協調與合作。」戴明導師強調道，「我個人的建議，是在部門與部門間設置一個區域網路，讓大家能在共同的平臺上交流，這樣可以收穫到不錯的效果。而且，當出現需要各部門協調的任務時，可以直接採用視訊會議的形式，讓大家一起商榷。」

剛才的眼鏡男點點頭，頗為驕傲地說道：「是呀，我就設置了區域網路，大家有商有量地工作，效率真的滿高的，而且也能儘快商量出個結果來，不至於相互推諉、無理取鬧。」

「是呀，你說得沒錯。」戴明導師說道，「第三個建議，就是多搞一些部門間的聚會啊、團建啊、慶功宴啊之類的，這樣才會讓員工覺得『啊，我們是一體的，都是這個企業的一分子』。否則，員工只會覺得自己屬於某個部門，這樣不利於企業的大發展。」

一個女生說道：「我們公司就經常搞些跨部門的團康活動，比如一起爬爬山、吃個飯什麼的，氣氛都比較熱烈。一來二去我們都是熟人了，在工作中需要對方幫忙時，通常情況下打個招呼就可以了，又快又簡單。」

「哎呀，真不錯，這樣一來，你們不僅在工作方面有連繫，還能在輕鬆愉快的團康活動中交流感情。一旦感情交流得多了，你們在工作時就會更為對方考慮，為企業工作也更加勤勉了。」戴明導師笑瞇瞇地肯定道。

「戴明導師，您還是快點說第四點吧！」一位中年男子迫不及待道。

「好好好，這第四個建議啊，就是把部門間的通力合作放在獎懲機制裡，以此喚起所有員工的合作意識。」戴明導師狡黠一笑道。

「對呀，我怎麼沒想到這一點呢。」李彬一拍腦袋，說道，「我們公司只設有優秀部門獎、優秀個人獎和全勤獎，確實應該對部門通力合作貢獻突出的團隊和個人予以褒獎，這樣才能讓企業上下意識到通力合作的重要性。」

戴明導師笑瞇瞇地說道：「沒錯，但是這個激勵制度有個前提，就是企業員工要對公司制度做到絕對服從。相信每個企業都有行政部門，負責員工的考勤、考核和考評，所以，公司一定要嚴把行政關。尤其是各部門的管理者，更要以身作則，對規章制度絕對服從，這樣才能更好地貫徹這項激勵措施。」

同學們都點了點頭，剛才的中年男子說道：「還有第五點吧？」

戴明導師誇讚道：「你的直覺很敏銳。下面我們就來說第五點，也是最後一點，那就是 —— 員工大會。」

「員工大會？」同學們都有些納悶，這員工大會通常就是誓師大會，一般都是說些精神層面的東西，開員工大會對通力合作有用嗎？

戴明導師彷彿看出了大家的心思，笑著說道：「員工大會是很有效的控制手段。管理者將階段性結果和下階段目標通知下面的員工，讓員工一同見證公司的成長與發展，這是很有意義的事情。在這種時候強調部門間

的通力合作，也能收到事半功倍的效果。」

　　大家恍然大悟，如果說團建、獎懲是物質控制手段，那員工大會就是精神控制的方法。

　　戴明導師喝了口水，繼續說道：「企業設置不同部門的初衷，就是為了讓公司能更好地營運。所以，為了讓公司運作得更加順暢，部門間的通力合作是一定要重視的問題。關於控制管理的內容就是這些了，同學們，再會嘍！」

　　人群中立刻爆發出熱烈的掌聲，送別可愛的戴明導師。

第六章
維克托 ・ 弗魯姆導師主講「激勵法則」

本章透過四個小節，講解了維克托·弗魯姆的激勵管理理論要點。在維克托·弗魯姆看來，想讓員工更有效率地工作，其實很簡單，因為員工跟頂球的海獅並沒有什麼分別。有些員工適用正面激勵法，有些員工適用負面激勵法，有些員工適用物質激勵法，有些員工適用精神激勵法。對於想要了解如何運用激勵管理的讀者來說，本章是不可錯過的部分。

維克托‧弗魯姆

（Victor Vroom, 1932 年至今），著名心理學家和行為科學家，期望理論的奠基人。維克托將心理學與管理學有效結合，成為國際管理學界最具影響力的科學家之一。維克托早年在加拿大麥基爾大學先後取得學士及碩士學位，後來又在美國密西根大學取得博士學位。維克托長期擔任耶魯大學管理科學「約翰塞爾」講座的教授兼心理學教授。他還曾任美國管理學會（AOM）主席、美國工業與組織心理學會（STOP）會長。維克托‧弗魯姆教授在 2004 年獲美國管理學會卓越科學貢獻獎，在管理學中的激勵管理方面做出了突出的貢獻。

第一節　我們和海獅沒什麼區別

上完戴明導師的課，杜偉男回去就開了個員工大會。

李彬笑著調侃道：「這陣子我們修改了不少管理舉措，估計高階主管和員工們都知道，我們公司要嚴加管理了。」

「這就對了。」杜偉男說道，「我還嫌我們公司的規章制度不夠完善呢。就像你上週說的，我們只有優秀個人獎、優秀部門獎和全勤獎，我想著什麼時候再好好制定一下激勵制度。」

「飯得一口一口吃，事情得一點一點做，你呀，趕快收拾收拾，等等晚去又沒位子了。」李彬笑著說道。

誰知道杜偉男不慌不忙地說道：「不急，還記得杜拉克導師給我們上課前，有個叫盧偉的男學生跟我們搭話嗎？」

「啊，好像是有這麼個人，怎麼了？」李彬一臉納悶道。

杜偉男笑道：「他早早就去了，而且幫我們占了兩個座位。」

「啊？這不太好吧？」李彬猶豫道，「再說，他為什麼要幫我們占位子？」

「他來我們公司實習了，而且巴不得有給我們占位子的機會呢，有資源就要充分利用嘛。」杜偉男隨意地說道。

李彬皺著眉頭想了想，說：「這不太好，他要是想晉升，大可以走我們的晉升管道和激勵管道，拍主管馬屁可不是好現象。」

杜偉男知道李彬最看重風氣制度，於是趕快說道：「放心放心，這跟晉升和激勵沒關係，就是順便的事，我們還是趕快走吧，座位讓人家占太久也不好。」

到了禮堂，李、杜二人大老遠就看見了揮手的盧偉，盧偉看見杜偉男笑容滿面道：「杜總，李總，這是幫二位占的座位。」

李彬皺著眉頭說道：「這樣不太好吧？還有很多沒有座位的學生呢，這對其他來得早的同學不公平吧？」

盧偉趕快說道：「李總，座位是我跟其他兩位同學占的，所以座位上一直有人。我們也是花了相同的時間成本的，我們來得更早，所以對其他同學也是公平的。他們等一下還有約，我們只是連續使用了這三個座位而已。」

李彬也沒話說了，但總覺得哪裡不好。

正在這時，一個蒼老的聲音在李彬後面響起：「小夥子，你就坦然接受吧。換個角度想，有這樣的員工能隨時揣摩主管心意，你就有更多的精力去處理其他事情了，不是嗎？你們只要不是心照不宣地做壞事就好了嘛。」

嗯，有道理。李彬回頭正要說話，卻發現全禮堂的人都在瞠目結舌地盯著這邊 —— 剛才說話的竟然是維克托・弗魯姆，那位著名的期望理論的奠基人！

　　看到弗魯姆導師，杜偉男也笑了：「天啊，太榮幸了，看來今天結束後，我能著手解決激勵問題了。」

　　弗魯姆導師也露出個榮幸的微笑，然後彬彬有禮地說道：「各位好，我正式介紹一下自己 —— 想必在座的有些朋友是聽說過我的 —— 我叫弗魯姆。」

　　說著，他在黑板上寫了兩個詞：人類，海獅。

　　「有誰能告訴我，人類跟海獅的相同點嗎？」弗魯姆導師問道。

　　「都是活的！」一個男生嚷道，其他人哈哈大笑起來。

　　弗魯姆導師也被逗笑了，說道：「再說得深刻一點，盡量從管理學的角度來看。」

　　「唔，『糖跟鞭子』對人類和海獅都很有效？」坐在盧偉前面的扎雙馬尾的女生試探著說道。

　　弗魯姆導師立刻讚許道：「沒錯，你說得對，上一個國家的孩子們得出這個答案，要比你晚了 5 分鐘，相信未來的你一定是個優秀的管理者。」

　　「這就開始用精神激勵法了！」杜偉男佩服地想道，「看來這堂課很值得一聽啊。」

　　弗魯姆導師說道：「在我看來，管理員工跟馴化海獅是一樣的。當他們表現良好時，我們要用獎勵的方式激勵他們；當他們消極懶怠、出現問題時，我們則要用懲罰的方式讓他們回歸正軌。（如圖 6-1 所示）整體來說，就是獎優罰劣、獎勤罰懶、鼓勵上進、鞭策落後。」

圖 6-1 善用激勵措施

　　杜偉男聽得連連點頭，又問道：「弗魯姆導師，這個激勵措施到底應該怎麼制定呢？」

　　弗魯姆導師微笑道：「別急，我們先來講講激勵措施的『尺度』。大家都知道凡事都有兩面性，激勵措施也不例外。我們先看好的結果，當激勵措施符合預期時，員工會應公司的要求發展自己、充實自己、感念企業為自己帶來的機遇，繼而為企業做出更多貢獻。」

　　「那不好的結果呢？」盧偉在一旁替杜偉男問道。

　　「這不好的結果，就是激勵措施不符合預期。比如企業老闆把『餅』畫得太大，員工在沒吃到之前，心裡對這個『餅』還有個幻想，等真的拿到手裡一看，原來只有芝麻大小，於是失望離職。」弗魯姆導師無奈地攤手道，「還有一種就是激勵措施與員工行為不相符。比如公司倡導員工甲

的行為，但並沒有就此對員工甲給予相應的獎勵，反而對員工乙的行為進行獎勵。如此一來，只能強化員工乙的行為，同時暗示員工甲的行為不重要。結果就會導致員工們做的工作從來不是管理者要求的，而是管理者激勵的。」

「這一點我倒是深有體會，」李彬在一旁說道，「我們公司有全勤獎，但是其他激勵措施尚不完全。這造成的結果就是 —— 員工 A 以超高品質完成工作，沒有獎勵；員工 B 工作做得一般，但只要按時上班就能拿到全勤獎。這種措施會讓公司形成一種『形式主義』風氣，降低企業的營運業績。」

「是啊，你說得很對。」弗魯姆導師說道，「正確的激勵邏輯包括四點：建立激勵環境，明確激勵方向，設計激勵方案，實踐回饋優化。」

「所謂建立激勵環境，就是要讓員工明白主管畫的餅是確實存在的，而且他們可以分到一塊，」弗魯姆導師說道，「明確激勵方向就像你剛才說的，要讓員工感受到公司最重視的方面是什麼。設計激勵方案就是制定具體的激勵措施，實踐回饋優化則是在相關制度實施後，管理者要對比分析看制定的規章制度有無效果。」

杜偉男點點頭，還沒來得及說話，旁邊的盧偉就說道：「按照這些原則制定相關激勵制度時，有沒有什麼需要特別注意的？」

弗魯姆導師笑著說道：「當然，這第一條就是 —— 賞罰分明！」

第二節　誰動了我的「乳酪」？

賞罰分明？同學們一聽這個詞頓時面面相覷，這不是廢話嘛，當管理者的誰不知道要賞罰分明啊？

　　弗魯姆導師彷彿會讀心術般，說道：「是啊是啊，這句話是老生常談了，但我們還是要談一下。為什麼呢？因為企業就像一支軍隊，如果賞罰分明，就能提高整支軍隊的戰鬥力，提升企業的市場競爭力以及企業運轉的高效力；如果企業賞罰制度不明，一切規章就等同於虛設，企業也會走向下坡路。我為什麼一定要強調這句話呢？因為現在很多管理者都是賞罰不明的！」

　　聽到這句話，一些聽眾不由得低下了頭。

　　確實，每段關係都是有親疏遠近的。對於管理者來說，悄悄給主管的親戚朋友們通融通融，給自己的心腹員工一點福利，這些都是再正常不過的事情了。但在員工看來，這種行為就是不可原諒的了，畢竟在僱傭關係中，沒有哪個員工樂意別人動自己的「奶酪」（如圖 6-2 所示）。

圖 6-2 不要動員工的「乳酪」

　　「想必有些朋友已經明白了我的意思。」弗魯姆導師說道，「如果員工有功勞，但卻不能獲得獎賞，那員工肯定會產生怨懟心理，陷入懶怠的情緒中，失去的工作對積極性和主動性。久而久之，員工就會因為有功無

賞，而降低自己的工作效率，員工會覺得自己沒必要這麼拚命，最終影響企業的運轉。」

喝了口水，弗魯姆導師繼續道：「相對應的，對於一些『皇親國戚』來說，當他們出現差錯時，我們也要做到有過必罰。如果這個公司一定要因為私人感情而因私廢公、有過不罰，那員工待在這家公司也沒什麼前途，不如儘早跳槽的好。」

李彬當即表示贊同，他是最在乎公司風氣和個人風氣的，為了保持公司風氣的純淨，他拒絕了所有親戚朋友的求職意向。

在他看來，企業的獎罰制度一定要恩威並施。如果員工取得成績，管理者要及時給予獎勵，即使物質獎勵沒有到位，也要及時給予口頭肯定，以激勵下屬取得更優異的成績；如果員工犯錯，管理者要公正地批評和懲罰，目的是讓員工認識到自己的錯誤，發揮警醒的作用。最重要的是賞罰制度一定要公平，不然會引發員工心理不平衡，導致局面變得混亂。

「再有一點，就是管理者不能搞『親疏遠近』那一套。」弗魯姆導師嚴肅地說道，「如果管理者公私不分，好壞不明，對犯錯的員工不給予懲罰，對有成績的員工不予肯定，員工就會對管理者產生意見。長此以往，管理者在員工心中的形象下滑，企業的規章制度也就形同虛設了。」

「是啊，您說得太好了。」李彬忍不住說道，「在企業管理中，賞罰分明的原則一定要堅持不動搖。制度一旦確立，就需要賞罰分明來維護制度、維護企業。（如圖 6-3 所示）這樣才能讓企業走得更加長遠。」

杜偉男看著李彬激動的樣子，趕快問道：「弗魯姆導師，那我們應該怎麼做，才能讓企業形成賞罰分明的風氣啊？」

圖 6-3 賞罰分明

　　看著杜總開口，盧偉很是懊惱，似乎在怪自己沒有及時揣摩到杜總的心意。

　　弗魯姆導師笑瞇瞇地指著李彬說道：「這第一點嘛，就是要像這位同學一樣，以身作則，這是讓員工認同公司的第一方法。老闆和管理者只有以身作則，才有底氣在員工觸犯規章的時候對其進行懲處。而且，這裡有一個要訣，就是處罰必須具備『即時性』，當場抓到當場處罰，絕對不能秋後算帳。」

　　李彬不好意思地點點頭，不過，自己在這一方面確實做得很不錯。

　　「第二點就是制定後續跟進措施。比如在獎勵和懲罰結束後，管理者

要持續跟進。如果員工能連續獲得獎勵，那麼管理者要給予員工更優渥的獎賞；如果員工連續犯同樣的錯誤，那麼管理者要對其予以更嚴厲的懲罰。但是，這個懲罰和獎勵都要掌握好尺度。」弗魯姆導師提醒道。

「還有最後一點，就是獎懲制度都要在法律法規和道德規範允許的範圍內，不要做出錯誤的獎勵和懲罰，否則會影響企業形象和員工士氣。」弗魯姆導師強調道。

「就像爐火一樣。」紮雙馬尾的女生說道。

看著弗魯姆導師和大家不理解的表情，紮雙馬尾的女生趕快解釋道：「我是說，企業氛圍和賞罰制度就應該像爐火一樣，因為爐火的本意是給予人們溫暖，而不是燙到別人。」

「噢！這個比喻真不錯，我很喜歡！」弗魯姆導師微笑道。

李彬也讚賞地看了看紮雙馬尾的女生，確實，一方面，企業要鼓勵員工行使權利和義務，讓員工就懲罰制度提出合理化建議，並積極尋找替代懲罰的辦法；另一方面，企業要建立激勵型管理機制。只有當員工深刻感受到遵紀守法帶來的好處，才能對懲罰機制表示理解，才能有「我錯了，我認罰」的坦然和勇氣。

「沒想到這個女生的見識很獨到，以後肯定是個優秀的管理者。」李彬身子一邊想，一邊往前傾了傾，看到女生的本子上寫著她的名字──紀天敬。

看著李彬看紀天敬的樣子，杜偉男露出一個意味深長的笑容。

弗魯姆導師繼續說道：「我聽一位中國朋友說過，『小捨小得，大捨大得；不捨不得，有捨有得』。這話雖然繞口，但經過他的一番解釋，我覺得這句話真的很對。因為在管理過程，很多問題就出在這『不捨不得』

上了。比如有個主管，打算拿 100 萬元給員工當獎勵，突出貢獻獎獎勵 20 萬元，先進個人獎獎勵 10 萬元，優秀員工獎獎勵 1 萬元。可是，他突然覺得突出貢獻獎的資金太高了，於是改成了突出貢獻獎獎勵 5 萬元，先進個人獎獎勵 3 萬元，優秀員工獎獎勵 1 萬元。當突出貢獻獎獲獎者滿懷欣喜地上臺領獎時，發現自己拿的跟先進個人獎的獎金差不多，他會是什麼心理？」

「……鳥盡弓藏，」一個男生吐槽道，「立刻跳槽？」

「差不多，總之，他肯定會覺得公司不在乎人才，往後即便不跳槽，也不會好好工作了。」弗魯姆導師攤手道。

「是啊，這也是動了員工『乳酪』的例子啊。」另一個男生說道，「我年後準備跳槽了，我們公司只給我 3 千元的月薪，但我每個月長工時不說，做的工作也經常不給錢。在其他公司，我這個貢獻量至少是 1 萬月薪。老闆這麼摳，這公司遲早要完蛋，我還是趕快走吧。」

「你們公司老闆真是完全不懂管理學。」弗魯姆導師說道，「他肯定經常『畫大餅』吧？」

「每天都在畫。」男生扶額說道。

「這就對了。但其實，」弗魯姆導師嚴肅地說道，「在僱傭關係中談交情的都是小人，直接談錢的反而是君子。畢竟，員工只有吃飽了，才有心思跟老闆一起憧憬未來。」

男生嘆了口氣，說：「是啊，哎，還是動不動就拿錢當獎勵的公司好啊。」

「不，這倒並不是。」弗魯姆導師搖搖頭，「相反，現鈔是管理學中最拙劣的獎勵方式 ——」

第三節　現鈔是最拙劣的獎勵方式

一聽弗魯姆導師這話，男生立刻反駁道：「哇，不是吧，現鈔還拙劣？我真希望有公司能一直這麼『拙劣』地對待我！」

大家哄堂大笑，男生雖然說得直白，但卻有道理，畢竟，誰都不會跟錢過不去。

「當然，物質獎勵一定是基礎，但光有物質獎勵還是不夠的。」弗魯姆導師說道。

「如果您是想說，還有『畫大餅』，那還是算了吧，我『大餅』都已經吃撐了。」男生露出為難的神色。大家又笑了起來，只是笑容裡都帶了些無奈，看來平時的『餅』都沒少吃。

只見弗魯姆導師說道：「我並不是說『畫大餅』，那都是虛無的東西，我說的是對員工真正具有吸引力的東西。比如對於你來說，最吸引你的是錢，但是對於其他人來說，可能更吸引他們的是榮譽。」

紀天敬點了點頭，說：「給員工的獎勵一定要有吸引力。記得有一次，我們公司派我去深圳演講，我很順利地完成。於是大主管獎勵我跟深圳一位很有名望的企業家一起吃晚餐。我有很多同僚都覺得這個獎勵不好，還不如給一點錢實在。可是我很喜歡這個獎勵，因為很多人都沒有機會與這位企業家一起吃晚飯。後來，我還把和他一起吃飯的照片擺在了辦公桌上。」

弗魯姆導師溫和地笑了笑，說：「沒錯，所以巴菲特的午餐邀請的價格才能拍到這麼高。」

「整體來說，我們在對員工予以獎勵時，一定要注意物質獎勵與精神獎勵同步，不要進行單一的獎勵。」弗魯姆導師繼續說道，「根據相關調

查，世界上90%以上的人都對物質和精神有共同的追求。如果只給予精神獎勵，就會讓團隊沒有戰鬥力和生命力；如果只給予物質獎勵，雖然能讓人充滿動力，但也會讓人性的責任和奉獻變得模糊。」

「您說得有道理，畢竟物質激勵是滿足人們物質欲望的東西。當滿足員工的物質需求後，就需要從精神層面對員工進行激勵。」一個女生說道。

「沒錯，人嘛，在獲得溫飽之後就開始有其他欲望。在職場上，人們最需要的就是證明自己，尋找自己的價值（如圖6-4所示）。」弗魯姆導師說道，「所以，精神激勵更適合高級員工和管理者，物質激勵更適合基層員工。」

男生點了點頭，說：「可是，除了『畫大餅』外，我實在想不出其他精神激勵的方法了。」

弗魯姆導師同情道：「看來你們公司真是把你壓榨得不淺啊。這個精神激勵分很多種，對於基層員工來說，我們適當下放權力給他們，就是一種很好的激勵方式。比如某個員工工作完成得非常優秀，那我們就可以說『你的能力很不錯，我記住你了，希望你能再接再厲。同時，你能力強，也要幫你們部長分擔一些監管工作，有什麼問題可以直接匯報給我』。」

圖6-4 注重精神層面的獎勵

「哇，這也太厲害了吧！」男生一臉佩服，說道，「雖然您沒有明確說什麼，但在我聽來，這就是要把我當成下一任部長來培養啊！我聽了都覺得熱血沸騰，立刻就想投身工作，更何況是被誇讚的員工本人。」

「哈哈哈，你太誇張了，我只是舉了一個例子。」弗魯姆導師笑著說道，「類似的激勵方式還有很多。但是，我們在對員工進行精神激勵時，也要注意與物質激勵相結合，如果精神激勵不是以物質激勵為基礎的，那就跟『畫大餅』沒區別了。」

男生點了點頭，說：「我之前讀過一點心理學，其中有一個內容叫『馬斯洛需求層次理論』，我覺得在管理學方面也很適用。『馬斯洛需求層次理論』將人類的所有基本需求劃分成五個層次，分別是生理需求、安全需求、社交需求、尊重需求和自我實現需求。當滿足員工的前兩層需求後，公司就要以後三層需求為主，對員工進行精神激勵了。」

「看，你這不是理解得很到位嘛。」弗魯姆導師讚許地說道，「沒錯，雖然馬斯洛劃分的五個層次的需求並不一定是按照這樣的順序排列的，但大多數情況下，當麵包、愛和關懷放在一個飢寒交迫的人面前時，任何人都會選擇麵包。可是當這些放在一個擁有足夠吃的麵包的人面前時，他就會率先拋棄麵包，而從愛與關懷中選擇一個。」

「整體來說，就是對基層員工要以物質激勵為主，精神激勵為輔；對管理階層則要以精神激勵為主，物質激勵為輔；小公司對員工要以物質激勵為主，精神激勵為輔；大企業對員工應該以精神激勵為主，物質激勵為輔。」男生搖頭晃腦地總結道。

弗魯姆導師笑著說道：「總結得非常到位。所以，企業獎勵給員工的東西一定要選他想要的，而懲罰也一定要選擇讓他痛苦的。有的員工說『公司獎勵我了，我怎麼還是沒有動力呢？』那是因為企業給予員工的獎

勵沒有吸引力，獎勵的不是他想要的。」

　　同學們紛紛點頭，是啊，畢竟適合的才是最好的。大家都喜歡錢，但有些人喜歡榮譽這類獎勵就勝過喜歡錢。

　　「不僅如此，處罰也要講究藝術的，我還是透過舉例子的方式來講吧。」弗魯姆導師想了想，說，「這一條主要是講『變罰為獎』，企業可以透過有獎檢舉不良行為。比如某大型信貸公司一樓有個小花圃，裡面的花卉非常珍貴。但員工素質參差不齊，大家路過花圃時都想摘一朵。起初，公司管理人員採取的是『一旦發現，罰款 500 元』的措施，但收效甚微。後來，一位管理者靈機一動，改成『凡檢舉破壞花卉者，獎勵 500 元』。從此以後，這一現象逐漸銷聲匿跡。因為這種方法激發了公司員工共同參與管理的積極性，讓破壞花卉者產生了被監督的懼怕心理。」

　　「這真是太妙了，很值得借鑑！不過，說到處罰，我發現我們公司似乎太溫柔了，」李彬說道，「以致很多員工似乎都不在乎處罰。就拿遲到這件事來說，有些員工根本不在乎遲到扣的那一點錢。」

　　弗魯姆導師拍手說道：「你說的問題，恰好是我接下來要講的 ── 」

第四節　你的懲罰，他真的在乎嗎？

　　同學們一聽，立刻都把耳朵豎了起來。

　　可弗魯姆導師卻慢悠悠地說道：「在此之前，我先給大家講個故事。有一個英國貴族，他給自己的坐騎配備了最好的裝備，除了嶄新鋥亮的馬鞍，還有精心打造的馬蹄鐵、漂亮的轡頭等。可是，不管這位貴族的馬裝備得多麼奢華，可是在速度方面牠仍然沒有任何長進。這位貴族百思不得其解，另一個貴族說『你給了牠這麼多獎賞，卻忘了買一根敦促牠的鞭子』。」

同學們恍然大悟，確實，懲罰制度真的非常必要。對於馬匹來說，鞭子就是鞭策牠成為駿馬的手段。對於員工來說，懲罰就是敦促他們變得更好的方式。

「從管理學角度看，懲罰措施又可以統稱為負向激勵。就是使用批評、處罰等方式，來杜絕某類行為的發生。用通俗易懂的話來說，負向激勵就是透過懲罰來達到目的。企業實行負向激勵的主要目的，在於讓員工產生危機感，同時讓員工保持良好的行為習慣。其主要形式有批評、罰款、降職等。」弗魯姆導師說道。

「那為什麼說負面激勵員工會不在乎呢？」剛才一直強調「畫大餅」的男生說道，「正常來說，只要是懲罰，或多或少都會讓員工覺得在意吧？」

弗魯姆導師搖了搖頭，說：「你這麼想就太天真了。舉個例子吧，你昨天晚上打遊戲打到凌晨 2 點半，早上 7 點的鬧鐘響起後，你並沒有起床，一直到 8 點才睜開眼睛。這時候，你立刻坐車趕到公司還來得及。此時，如果你公司對遲到的懲罰措施是罰款 200 元，你就會想：200 塊錢跟我的睡眠相比，還是睡眠重要。所以，這個懲罰措施對你無效。但如果你公司對遲到的懲罰措施是當著全公司的面寫檢討報告，你可能就會立刻爬起來去上班。相反，如果你是個非常愛財的人，當公司讓你寫檢討報告時，你可能覺得無所謂還滿開心；但如果要罰你 200 元，你可能就會立刻竄出被窩爭取準時到公司。」

男生想了想，說：「哎，您說得對，要是遲到罰款 200 元，那我肯定不會遲到的。」

弗魯姆導師笑著說道：「所以呀，管理者適當地使用負向激勵，就能讓團隊更有效地執行任務。但是，在使用負向激勵時，管理者應當注意幾點原則，不然負向激勵不但不會激勵員工，還會讓員工失望。首先，管理

者在執行負向激勵時不能因私廢公，要做到人人平等。相比表彰這類的正向激勵，負向激勵更容易讓團隊出現人心不穩的情況。兩個人同時立功，管理者只獎勵其中一人，另一人倒不會太難過，充其量就是在背後吐槽兩句。但如果兩個人同時犯錯，管理者只懲罰一個人，那另一個人恐怕當時就會爆發。」

李彬點點頭，道：「所以說，這個公司的風氣一定要掌握好，否則就會讓管理者的權威受損，甚至讓規章制度形同虛設。」

弗魯姆導師對李彬笑了笑，繼續說道：「其次，管理者就要像這位同學一樣，以身作則。再次，負向激勵要掌握力度和尺度。（如圖 6-5 所示）如果對員工實施的負向激勵太多，員工就會感到沒有安全感，還會讓上下級之間的關係緊張，也會破壞團隊的凝聚力。如果管理者制定了過於嚴厲的負向激勵措施，就容易傷害到員工的感情，讓員工成日處在戰戰兢兢的狀態，這樣對任務的完成不利，也會抹殺員工的創新能力與積極性。」

圖 6-5 負向激勵要掌握「尺度」

「但是，如果管理者制定的負向激勵措施太輕，員工們就容易忽視它。如果處罰與不處罰相差不多，就不能對員工造成震懾作用。」盧偉搶在杜偉男前面說道。

弗魯姆導師笑著點點頭，道：「正是如此。所以，管理者在使用負向激勵時，一定要注意掌握『尺度』。最後，管理者需要將物質負激勵與精神負激勵結合起來。物質方面的負向激勵與精神方面的負向激勵，都是管理者進行管理不可或缺的部分。只有兩者結合，才能產生更好的效果。」

盧偉說道：「可是，如果在同一個團隊制定兩種懲罰措施，會不會讓人覺得不公平？比如有人會問，『憑什麼我遲到就罰錢，他遲到就寫報告？』」

杜偉男一撇嘴，心裡說：「這個盧偉，還真像是別人肚子裡的蛔蟲，自己剛想問這個，這小子就說出來了。」

「這個你放心。」弗魯姆導師說道，「公司有公司的制度，那就是 —— 有過必罰。在公司制度下，管理者完全可以制定多個小制度。只要提前溝通好，員工也能接受這個懲罰措施，那後面不過是按規矩辦事。何況，如果員工不違反相關的規章制度，遲到是罰錢還是寫檢討報告，就都跟員工沒關係了。」

這倒是，在職場中，員工要做的不是在懲罰方面討價還價，而是在源頭處避免被懲罰。

「總而言之，我們在制定懲罰措施時，一定要保證這個措施對員工有效。」弗魯姆導師強調道，「畢竟，負向激勵的目的就是鞭策員工進步，如果相關措施無效的話，那我們制定這些懲罰措施不就是費力不討好了嗎？」

同學們紛紛點頭。看到大家受益良多的樣子，弗魯姆導師笑著說道：

「好，今天的課程就到這裡了，大家，晚安！」

同學們立刻起身鼓掌，李、杜二人和盧偉也站起來準備出門。

走到門口，杜偉男對畢恭畢敬地站在一旁的盧偉說道：「小夥子，你真的很會察言觀色啊，能事事思慮周全，但你把時間都用在揣摩主管心思上，就會耽誤本職工作。我看你也別去開發部了，我正好缺個祕書，你要是覺得可以，明天就去行政處報到吧。」

盧偉一愣，李彬暗自為杜偉男的決策按了個讚，看來老杜還是沒有被馬屁拍昏頭的嘛。

盧偉想了想，垂頭喪氣道：「謝謝杜總栽培，我……我還是再考慮看看吧。」

杜偉男點點頭，跟李彬坐上了回公司的車，心想：「不知道下節課又是哪位導師來講呢？」

第七章
埃爾頓 · 梅奧導師主講「人際關係」

本章透過四個小節，講解了埃爾頓·梅奧的人際關係管理理論的要
點。在埃爾頓·梅奧看來，如何釐清這些人際關係，如何運用這些人
際關係，就是管理者亟待解決的管理問題。為了幫助讀者更好地理解
埃爾頓·梅奧的人際關係管理理論，作者將埃爾頓·梅奧的觀點熟練
掌握後，以風趣的方式和簡單易懂的語言文字呈現給讀者。

埃爾頓・梅奧

　　（George Elton Mayo, 1880-1949），美國管理學家，原籍澳洲，早期的「人際關係學說」的創始人，美國藝術與科學院院士。在埃爾頓・梅奧看來，企業管理就是對人的管理，有人的地方就離不開錯綜複雜的人際關係。埃爾頓・梅奧出生於澳洲的阿得雷德，20歲時，在澳洲阿得雷德大學取得邏輯學和哲學碩士學位，後來在昆士蘭大學講授邏輯學、倫理學和哲學，成為澳洲心理療法的創始人。

第一節　給你的「吐司」加點「果醬」

　　「等等，今天我們帶著另一個人，一同去聽。」杜偉男壞笑道。

　　「嗯？誰啊，那個盧偉？」李彬心不在焉地問道。

　　「進來吧——」杜偉男衝門外喊了一聲，一個留著長髮的女生走了進來。

　　「紀天敬？」李彬下意識地說出了女生的名字。杜偉男聽了笑意更濃。在杜偉男的催促下，李彬跟紀天敬坐到了車上，三人匆匆往禮堂趕去。

　　由於杜偉男的特意安排，三人到禮堂的時候已經晚了，只好站在離講臺較近的地方聽講。李彬臉色微紅，有點不敢看女生的側臉。

　　正在這時，一個西方面孔的中年人匆匆走上講臺，解釋道：「哎呀抱歉抱歉，各位，我來晚了。有幾個中國朋友非要叫我喝茶，你們看，這社

交真是無處不在。」

說完，他擦了擦汗，給大家展露了一個大大的笑容。

杜偉男發現這個人長得有些喜慶，嘴角似乎總掛著笑意。

「大家好，我叫埃爾頓・梅奧，今天由我為大家講述管理學中的人際關係管理。」梅奧導師整理了一下領帶說道，「職場中的人就像一片片吐司，這人際關係啊，就像是吐司上的果醬一樣。夾著果醬吃，總比乾啃吐司要好。」

「員工間的人際關係我可以理解，管理者也需要人際關係？」一個穿白襯衫的男生問道。

「當然啦，我之前做過一個訪談試驗 —— 其實就是個訪談活動。試驗表明，管理者關注人際關係後，員工的士氣和勞動生產率都會獲得有效提升。為了探究管理人員該如何利用人際關係改進管理方式，我專門制定了一個徵詢職工意見的訪談試驗，為期兩年，在這兩年時間內，試驗人員對全廠的兩萬名職工進行了訪談。」

「那結果呢？」穿白襯衫的男生迫不及待地問道。

「結果啊，實驗人員發現工人會因為管理者關心他們的個人問題，從而提升工作的效率。（如圖 7-1 所示）」梅奧導師笑瞇瞇地說道，「而且，透過訪談，管理者發現了工人們所抱怨的事情跟實際情況都不太一致。比如某個工人之所以成日抱怨薪資低，其實是因為要支付妻子的醫藥費。當管理者明確表示，會根據這個工人的表現來解決他的個人問題時，他就會更加賣力地工作。」

圖 7-1 關心個人的管理者

　　「啊，這一點我倒是深有體會。」一個戴金絲眼鏡的女生說道，「有一次，我們主管在看過我的工作報表後，把我叫進了辦公室。他跟我說，我的工作報表做得不太好，他希望能看到我更好的表現，並且問我最近有沒有什麼煩心的事情。當時我很震驚，因為我沒想到主管真的會看到我的工作報表，也沒想到主管非但沒有批評我，反而關心我的個人問題。從那以後，我就開始更認真地工作了，因為我覺得不能辜負他對我的期待。」

　　梅奧導師笑著點了點頭，還沒來得及說話，穿白襯衫的男生就搶著說道：「他是主管，肯定沒有時間關注你，這不過是他管理的手段罷了。」

　　本以為女生聽了這話會不高興，誰知，她卻很大方地說道：「我知道，但他這樣的管理方式讓我很受用，我個人更願意服從這樣的管理。」

「是啊，是啊，起碼這位管理者是真的用心了。」梅奧導師也讚許道，「從你的語氣中，我能看出他在員工中的聲望也很高吧？管理人員能理解員工、重視員工，在與員工交流時能關心他們，讓他們感受到熱情。這樣的管理者可以促進人際關係的改善，提高員工的士氣，真的非常不錯。」

李彬點點頭，說道：「是啊，職場其實就是個微型社會，我們每天除了工作外，就是跟各種各樣的人打交道。不管是對待上下級之間、平級之間的關係，還是對待客戶，我們都需要一套關係管理方案。」

梅奧導師接過李彬的話，說道：「尤其是管理者，他們更需要一套人際關係管理法則，這樣才能在員工中樹立威信，才能促進工作更好地進行。下面我們就來看一看，管理者應該如何掌握職場中的人際關係。」

「這第一條就是堅持以人為本，管理者一定要尊重員工，理解員工，體貼員工，要讓員工覺得自己跟管理者在地位上是平等的，只是分工不同而已。管理者不能把自己當成主人，反而要把自己當成服務生。因為員工在企業內部的地位本就比管理者低，此時，管理者要拿出更低的姿態，才能讓員工覺得自己是被尊重的。」梅奧導師說道。

一個戴金絲眼鏡的男生不滿道：「我們為什麼要把員工看得那麼高啊？我們發錢給他們，他們拿錢辦事，這不是很正常的嗎？」

「當然不是。」李彬旁邊的紀天敬淡淡地說道，「他們只是拿了勞動報酬，但沒必要對管理者畢恭畢敬的，請問您另外支付讓他們畢恭畢敬的錢了嗎？」

戴金絲眼鏡的男生瞪了紀天敬一眼，卻說不出反駁的話。

梅奧導師笑著說道：「是啊，這位小姐說得很對。我見過很多大公司的管理者，他們都會將員工看成自己的同事或合夥人。你關心自己的同

事，他們也會關心你。在公司遇到困難時，你的僱員會走，但你的同事很可能會留下來，這就是人際關係的力量。」

「可是，」戴金絲眼鏡的男生說道，「凡事都要分個主次啊，正職和副職的地位還不一樣呢，何況是主管和員工？」

「這就是我要講的第二點。」梅奧導師依舊是笑瞇瞇的樣子，繼續說道，「確實，不管是正職還是副職，在公司裡都要擺正自己的位置。我說的擺正位置並不是職場地位，而是指正職要心懷坦蕩，學會分權，嚴於律己，寬以待人。副職要尊重正職，在完成本職工作後，要協助正職進行工作管理，同時也要協調好與同行職位的關係。」

杜偉男點點頭，說道：「確實，尤其是副職，一定要搞清楚自己的本職工作。雖然我們希望提高大家的競爭意識，但如果競爭意識跑偏，那就是不必要的內耗了。所以，我們並不希望中階主管和高階主管把目光盯在錢上，反而更希望他們把多餘的精力放在處理好關係上。」

「是啊。」梅奧導師笑著說道，「管理者管人也不能光靠『發錢』去管，還要靠『關係』去管嘛。」

第二節　用人不能光靠錢，還要靠「關係」

看著大家一臉期待的樣子，梅奧導師搬了把椅子，坐在了講臺下面，說：「好，今天我們就一起來討論討論，具體要怎麼做，才能處理好職場關係。不懂的同學也不要緊，可以跟我一起聽聽大家是怎麼想的。好了，大家都有什麼好的建議嗎？」

「果真是專攻人際關係管理的，之前可沒見哪個導師跑到臺下講課。」杜偉男暗自想道。

只見梅奧導師溫和地說道：「同學們，請你們想一下，職場上跟大家相處得最好的那個人，然後想一下他們的特徵。」

剛才那位戴金絲眼鏡的男生說道：「這有什麼難想的呢，一般來說，人緣最好的人肯定是特別熱情的啦。」

「不一定，」李彬說道，「我不喜歡一上來就跟你很熟絡的人，如果大家不熟，那最好彼此留點餘地，可以彬彬有禮，但不要過分熱情。」

戴金絲眼鏡的男生噴了一聲，不滿地看著李彬和紀天敬，說：「你們兩口子是成心的吧，怎麼老跟我唱反調呢？你倆是哪個公司的？我是銀河洗浴中心的總店長，管全 R 市三十多家洗浴中心，接待的全是重要人物。再跟我唱反調，小心你倆飯碗不保！」

一聽「兩口子」，紀天敬和李彬都紅了臉。

倒是旁邊的杜偉男冷靜地說道：「我怎麼不知道銀河洗浴中心有你這麼號人物？我說小夥子，話別說太滿，俗話說『人不能熟太快，話不能說太滿』，小心最後辦不到打臉。」

眼看這四人成為禮堂的焦點，梅奧導師趕快出來說道：「我說句公道話，從管理學角度看，你們說的都有道理，這本來就是個直抒胸臆的地方，我們還是心平氣和地討論吧。」

戴金絲眼鏡的狠狠瞪了一眼杜偉男，他本能地察覺眼前三個人是難應付的對手，所以沒有再吭聲，順著梅奧導師的臺階就下來了。

梅奧導師趕快說道：「剛才已經有同學總結了，人緣好的人就是彬彬有禮且說話不太滿的人，大家還有要發言的嗎？」

「還有，要學會聽別人說話。」紀天敬溫和恬淡地說道，「在職場中，人緣好的人通常是穩重的人，他們不會在意別人的評價，也有自己的處事原則。我個人認為，會聽的人比會說的人更有人緣。」

「是啊，沒錯，理當如此。」梅奧導師說道，「就像同學們說的，這些特點是獲得好人緣的標配。我們都知道，員工要做到這些才能正確處理好關係，那管理者應該怎麼做，才能回應員工的熱情呢？」

「前面已經說了，光發錢是不夠的，既然這樣，那就讓他們覺得自己受到了重視，覺得自己在公司發展有前途。」一個女生沉吟了一下說道。

梅奧導師笑瞇瞇地一拍手，說道：「真不錯，我總結一下，你的意思就是管理者要做到知人善任，對嗎？管理者要善於識別員工、使用員工、愛護員工。」

女生點了點頭，說道：「還有，管理者還要平衡好各部門員工的關係，不能顧此失彼。（如圖 7-2 所示）不能因為某個部門的規模大、盈利多就對該部門員工特別優待。我是負責研發部門的，工作時間是『朝九晚九、一週工作六天』。研發部門的重要性不必我多說了，但我們部門員工卻不受重視，反而是業務部員工待遇高、福利好。業務部員工就算觸犯公司條例，只要他能賣出產品，公司就對他的錯誤睜一隻眼閉一隻眼。我覺得這樣很不好。」

管理者要做到「用制度說話」，不要因為員工的入職方式或職位不同而區別對待。

圖 7-2 管理者要用制度說話

梅奧導師皺著眉頭說道：「你說得對，這種情況確實很常見。業務部門是公司的盈利主力，所以，很多公司都會對業務部門『網開一面』。可是，這樣對大局卻有不少壞處，也不方便協同管理，讓公司的規章制度形同虛設，也讓公司內部變得烏煙瘴氣。」

「自古以來，能做到一碗水端平的主管本就很少。」一位男生說道，「如果是我的話，我會在員工中安插 2～3 個心腹，他們可以代替我監督員工，也可以及時把員工的情況匯報給我。」

「這倒也是個辦法。」梅奧導師笑著說道，「雖然看上去有些不好，但這種方式還是很實用的。比如管理者可以讓這部分員工充當自己的傳聲筒，透過這些員工，管理者也能知道基層的情況與進度。好！下面我就給大家列舉幾種除了金錢激勵之外的管理關係的方法吧！」

說著，梅奧導師對自己旁邊的女生說道：「你的筆記非常工整，看得出來是個很認真的女孩，希望你以後也能用同樣認真的態度面對管理學。」

平白被梅奧導師誇了一頓，女生有些不好意思，說道：「謝謝您，我一定努力。」

梅奧導師笑瞇瞇地點點頭，道：「我要說的第一個辦法，就是像我剛才一樣，對優秀的員工予以讚美。（如圖 7-3 所示）而且還要把讚美的人和事掛在嘴上隨時宣揚，這樣更能激勵員工們好好工作。」

說完，他又對剛才受表揚的女生說道：「如果你聽到我跟戴明導師誇獎你，你會不會更加用心地研習管理學呢？」

女生立刻用力地點點頭，說道：「當然，梅奧導師，我會為了證明您的誇獎是正確的而努力學習的。」

圖 7-3 懂得讚美的管理者

梅奧導師溫和地笑了，說道：「太棒了，同學們，你們看到了嗎？在人際關係維護中，讚美是非常重要的。但是我還要做一點補充，那就是讚美一定是建立在金錢基礎上的。這是什麼意思呢？就是物質獎勵是激勵基礎，而讚美則是維護人際關係的重要手段，各位明白了嗎？」

同學們紛紛點頭，是啊，金錢還是很重要的，但人際關係的維護也同樣重要，只有雙管齊下才算是現代化的科學管理。

梅奧導師繼續說道：「我給大家的第二個方法就是 —— 慶祝。很多公司都會召開年會、慶功會等活動，來對員工或團隊所取得的成績表示肯定。其實，在員工或團隊取得成績後，公司就要立刻為他們慶功，讓他們切實感受到自己是功臣，而公司也肯定他們是功臣。」

「這會不會耽誤工作啊？」剛才那位戴金絲眼鏡的男生說道。

「怎麼會呢，」梅奧導師皺著眉頭說道，「慶功會並不用太隆重，也不用太鋪張，如果你實在擔心耽誤工作，可以選擇某一天下午或下班時間，

大家一起聚個餐，辦一些活動也都是不錯的選擇。要讓馬兒跑，你得先讓馬兒吃飽吃好，否則馬兒又怎麼會甘心為你工作呢？」

金絲眼鏡男哼了一聲沒有說話，但顯然他並不認同梅奧導師的管理方法。

梅奧導師也沒有理他，繼續溫和地對大家說道：「第三個建議，就是多用口頭語，多用『我們』來代替『你』和『我』。這樣能讓員工的主角意識增強，也能讓員工有『我們一起並肩戰鬥』或『讓我們一起面對困難』的意識，員工就會自然而然地加強維護與主管的關係了。」

「這人際管理看似複雜，實則簡單。」梅奧導師說道，「領導者如果想維護與員工的關係，那允許一些『民間組織』的存在也是很有必要的。」

第三節　「民間組織」很有必要

「什麼『民間組織』？」大家都是一頭霧水。

梅奧導師說道：「關於職場中的人際關係，我曾經做過一個著名的實驗──霍桑實驗。那時候，我在美國芝加哥郊外的西方電器公司霍桑工廠中，進行了一系列的人際關係實驗。在實驗結束後，我發現人們不僅會受到金錢刺激，還會受到來自『關係』的刺激。」

梅奧導師陷入回憶之中。當時，他選擇了 14 名男性工人，在一間單獨的房子裡進行銲接、繞線和檢驗工作。為了達到更好的實驗效果，梅奧導師對他們實行了特殊的薪資制度。

梅奧導師最初的設想是，採取特殊的薪資制度，能讓員工在優渥的條件下更認真地工作，這樣他們才能獲得更多的報酬。誰知，這些工人的產量只能保持在中等偏上的水準，而且每個工人的日產量都差不多。

在一次謊報工作產量後，梅奧導師發現這個班組為了維護他們 14 個人的整體利益，自發地形成了一些不成文的規定。他們彼此約好，誰也不能做得太多而突出自己，也不能做得太少，影響整體的產量。而且，他們還約定不准向實驗者告密，否則就會遭到一頓打罵。

　　透過交談，梅奧導師得知這個班組之所以將產量控制在中等水準，是害怕產量太高反而讓企業不在乎，繼而會撤銷他們優渥的薪資制度。當然，生產得太少也不行，這樣會讓企業給予他們懲罰，或者直接把他們裁掉。

　　「這個實驗給了我很大的啟發。」梅奧導師頗為感慨道，「為了維護這個團隊的內部團結，大家可以放棄金錢的誘惑，所以，我開始研究『非正式群體』的概念，從而發現企業中存在一些『民間組織』還是很必要的。」

　　「這不就是小團體嘛，這種風氣要不得啊。」戴金絲眼鏡的男生又嚷嚷起來，「來公司是工作的，搞小團體是幹嘛的？肯定不是做好事的，我們銀河洗浴中心可沒那個閒錢養小團體。」

　　「你能不能別打著銀河企業的旗號？真是影響我們的形象。」李彬皺著眉頭說道。

　　戴金絲眼鏡的還要再說，梅奧導師伸手示意他不要說了，道：「這位同學可能是只看見了小團體的缺點，卻忽視了它們的優點。」

　　「它們能有什麼優點……」金絲眼鏡男小聲嘟囔了一句。

　　梅奧導師依然沒有動怒，而是溫和地說道：「不管是企業、學校，還是社會，如果否認並限制這些小團體的存在，就會引發大家的不滿。但是，如果任由它們盲目發展，這些小團體就有可能擴大其勢力範圍，還可能與正式團隊作對，形成與之分庭抗禮的局面。所以，小團體究竟好不好，還是要看管理者自己。」

　　紀天敬問道：「您的意思是說，管理者要對這些『民間組織』採取引導方式，既不能施以高壓，也不能放任不管，而是要把它們用得恰到好處？」

　　「總結得真好。」梅奧導師說道，「具體來說，企業中的『民間組織』可以對企業產生很大幫助，只要我們注意對它們進行引導，它們就可以為我們所用。」

　　「那，這些小團體都有哪些作用呢？」一個女生歪著頭問道。

　　梅奧導師笑瞇瞇地說道：「你看，『民間組織』可以對『正式組織』造成協助作用。（如圖 7-4 所示）在企業中，大部分的團隊都有嚴格的工作計劃與程式，因而無法做到靈活機動地工作。但是這些『民間組織』沒有那麼多的條條框框的束縛，做起事來反而有很高的彈性，能解絕不少臨時發生的問題。如果管理者能接受這些小組織的存在，然後讓小組織的利益與大團隊的利益相一致，讓小組織的目標與大團隊的目標相結合，就能讓小團體發揮作用啦。」

圖 7-4 小團體很有必要

「還有呢？」同學們迫不及待地問道。

「還有，這些『民間組織』可以幫助管理者分擔管理職責。」梅奧導師說道，「團隊的管理者經常會被各種瑣事絆住腳。就拿下發任務來說，也許管理者已經說了很多遍，但員工們就是無法理解。這時小團體就可以發揮它們的作用，充分幫助領導者和員工互相理解，幫助主管節省精力。」

剛才那個女生說道：「對呀，這樣一來，還能使主管和基層之間的交流加強。看來『民間組織』還是很有必要的嘛。」

梅奧導師說道：「還不止這些呢，『民間組織』還能幫助企業提高穩定性，能幫助員工發洩情緒，還能對主管的行為造成制約作用。」

「啊？這是為什麼呢？」女生疑惑地問道，大家也是沒聽懂的樣子。

「你們想，小團體這種東西，原本就會對人產生吸引力。員工被吸收進去，可以減少人員的流動，這不就是提高穩定性了嘛。再者，員工在受到挫折、遭到誤解或工作不順心時，可以在小團體中抱怨一番，這也是一種發洩情緒的管道，其他員工可以代替主管安慰他，幫他儘快解決問題。而且，這些『民間組織』雖不像『正式組織』那樣受公司認可，但主管在處理問題時，或多或少也會顧慮到這些小團體，因此，它們對主管也有制約作用。」梅奧導師說道。

「噢，我明白了。其實，這些小團體也是加強公司內部團結的一種方式。」女生說道，「領導者與其杞人憂天，倒不如讓它們在可控制的範圍內發展。這樣既能讓小團體成員對自己的行為有所規範，又能加強公司內部的連繫與協作！可是，梅奧導師，在職場這種沒有硝煙的戰場裡，人際關係真的那麼重要嗎？」

「當然啦，」梅奧導師笑著肯定道，「畢竟，在工業文明中，最重要的還是『人』嘛！」

第四節　工業文明裡，最重要的還是人

「雖然這麼說，但跟員工打交道真的更費心啊。」一位穿藍色襯衫的男士說道，「我在跟員工打交道的時候，總是特別注意自己的言辭，生怕說出什麼不該說的，會傷害到他們的感情。」

「是呀。」另一個穿職業套裝的女士說道，「我就很苦惱上下級之間的社交。我在管理員工的時候，經常會遇到一些個性比較突出的員工，比如他們不把遲到當一回事、喜歡提前下班等。雖然我知道對這些行為都必須予以訓斥，可是，我卻不知道該怎麼訓斥才好。（如圖 7-5 所示）」

「那麼，你一般是如何訓斥的呢？」梅奧導師一副認真傾聽的樣子。

女士無奈地說道：「我看到員工遲到時，一般就直接說『以後不要再遲到了』，可是他們還是照樣遲到，感覺我的話根本就沒有用。」

「是啊，我也經常遇到這種情況，好像我越對員工說不要做什麼，員工就越要去做什麼，成心要跟我作對。」另一位穿紅色西裝的女士說道。

梅奧導師笑著說道：「員工來公司是工作的，他們不會特意跟你作對，除非他們都不想要這份工作了。所以，原因還是你跟他們之間的人際關係沒理順。」

圖 7-5 告別錯誤的「批評方式」

「那我要怎麼說，他們才會聽啊？」現場有好幾個人都發出了這樣的疑問。

可梅奧導師卻伸出食指搖了搖，說：「不，你們應該這麼問『我要怎麼聽，他們才肯說？』」

什麼意思？大家不由得面面相覷。

梅奧導師說道：「就像員工遲到這件事，你需要把他叫到辦公室裡，彼此先沉默一會兒，讓他產生心理壓力，然後再開口問『早上你遲到，是有什麼特殊的事情嗎？』在員工給出一個合理的解釋後，你可以說『我可以原諒你遲到，但你遲到的行為，對其他早來的同事是不公平的，所以，我需要根據公司規定對你進行處罰』。如果員工無法給出合理的理由，只是單純的晚起或睡晚了，你就可以說『我相信你下一次不會再犯了，但你的行為給公司帶來了不好的影響，我需要根據相關規定對你進行處罰，希望你能重視這件事』。在這樣的氣氛下，相信員工會對遲到的後果產生牴觸心理，從而避免遲到現象的發生。」

「您太厲害了。」穿紅西裝的女士一挑大拇指，說道，「回頭我一定要試試。」

梅奧導師笑著說道：「所以，讓領導者和員工之間的人際關係進一步融洽，給彼此共同的生活、工作創造一個良好的人際環境是很重要的。人際環境的舒適、和諧，又能極大地反作用於人的工作積極性。每一位領導者都希望能促進員工的工作熱情，形成工作上的良性循環。所以，我為各位提出幾點方法。」

梅奧導師喝了口水，繼續說道：「首先，領導者要做到說話算話。有的老闆為了吸引員工、留住員工，先靠承諾把員工吸引過來，結果卻說話不算數，對自己畫的『大餅』連一角都不曾兌現，導致雙方出現矛盾不可

調和，最後讓員工不得不跳槽。要知道，對於領導者來說，最重要的一點，就是給員工樹立一種『說話算數，一言九鼎』的個人威信。」

「是啊是啊，我現在的公司除了『畫餅』什麼都不會，我決定過了年就辭職！」之前吐槽被「畫餅」的男生再次憤懣道。

梅奧導師笑著說道：「其次，領導者要做到信任員工。我們常說，信任是人們交往的前提，也是營造良好氛圍的基本條件。正所謂『疑人不用，用人不疑』，但有的老闆辦事小心眼，總是對員工疑神疑鬼。比如擔心採購人員收回扣，擔心廚師偷工減料，等等。長此以往，員工和老闆之間自然貌合神離。」

同學們紛紛點頭。梅奧導師接著說道：「最後一點就是要及時回饋。領導者應當讓員工知道，他們的想法在主管這裡是受重視的，以此來刺激員工，讓他們更願意為企業的發展而努力。如果老闆對員工的建議視若無睹甚至出言諷刺，那麼員工就會覺得自己的建議無關緊要，還會對老闆感到心寒。」

「梅奧導師，道理我都懂，但實際操作起來就不知該如何是好了。」剛才穿職業套裝的女士說道，「我想知道的是，領導者在說話時有什麼技巧嗎？」

「當然有。」梅奧導師用力地點點頭，說道，「這第一條技巧，就是『反覆強調心態不可取』。很多管理者都有這樣的問題，為了突出事情的重要性，反覆強調同樣一句話。其實，這不但沒有造成強調效果，還會對溝通效果造成破壞作用。科學早已證明，人的心理存在叛逆機制。如果同樣的話重複次數超過 3 次，那麼，這句話的受重視程度不但不會提高，反而還會下降。」

「噢！怪不得現在我說話越來越沒人聽，原來是我的話說得太多，讓效果反而減弱了。」穿職業套裝的女士悶悶地說道。

「第二條技巧，就是在檢驗員工工作成果時，多使用一些口頭語表示肯定，比如『對，沒錯』『很好』『不錯』之類的。在與員工交流時，可以多使用一些『我想聽聽你的想法』『我們討論一下』『我聽懂了』之類的話，來鼓勵員工多與你溝通。」梅奧導師說道。

大家紛紛點頭，對梅奧導師的話表示肯定，梅奧導師繼續說道：「第三條，就是避免在交流時使用否定詞。前面有位女士說到，她越不讓他做什麼，她的員工就越要做什麼，其實，這位女士可以換一種溝通方式，比如把『不要早退』改為『正常時間下班』。」

穿紅西裝的女士不好意思地笑了笑，說：「好的，梅奧導師，我以後一定注意。」

「在職場的人際交往中，領導者只有這樣與員工交流，才能維護好自己與員工的人際關係，才能給自己贏得更多的利益。」梅奧導師笑瞇瞇地一鞠躬，說道，「好了，我的課程就到這裡了，祝大家晚安！」

大家紛紛起身鼓掌，鼓掌完畢，李彬拿出手機給人事部高階主管打了個電話。沒過多久，戴金絲眼鏡的男生便慌慌張張地小跑過來，對著李、杜二人不停點頭哈腰，道歉說：「對，對不起李總、杜總，我，我……哎，我剛才都是瞎說的，您二位千萬別見怪。」

杜偉男鄙夷地看了看他，說：「我們也不是不近人情，剛才我們已經讓人事部到基層員工那裡做了問卷調查，如果有80%以上的人，認為銀河洗浴中心由你負責很好，那我們就給你一個機會；如果低於80%，你就自己到人事部填辭職報告吧。」

戴金絲眼鏡的拚命擦著汗，嘴咧得像剛吃了條苦瓜。

「這回他該知道人際關係的重要性了。」紀天敬看著他的囧樣，忍不住笑了。

第八章
赫伯特 · 賽門導師主講「決策」

本章透過四個小節,講解了赫伯特·賽門的決策管理理論的要點。赫伯特·賽門不僅是管理學人才,也是 20 世紀的全能型人才。他在結合了各個領域的理論後,對決策管理有了獨特的見解。對決策管理有興趣的讀者,本章是不可錯過的部分。

赫伯特・賽門

　　(Herbert Simon, 1916-2001)，20 世紀科學界的一位奇特的通才，他的理論在眾多的領域深刻地影響著我們這個時代。賽門在管理學上的第一個貢獻是提出了管理的決策職能，第二個貢獻是建立了系統的決策理論，同時提出了「人有限度理性行為」的命題和「令人滿意的決策」的準則。他學識淵博、興趣廣泛，研究工作涉及經濟學、政治學、管理學、社會學、心理學、運籌學、電腦科學、認知科學、人工智慧等眾多領域，並做出了創造性貢獻，在國際上獲得了諸多特殊榮譽。

第一節　經理們的工具箱

　　李彬和杜偉男回來後，就開始了關於「管理者威信」的調查，但是，獲得的結果卻讓二人不太滿意。在 16 個高階主管、48 個中階主管和其他小管理者中，有10%的人不合格。在確認之後，李、杜二人給公司管理層來了個大換血。

　　「我說李彬，我們最近做的大動作有點多啊，會不會讓公司裡人人自危？」杜偉男有些擔憂地問道。

　　「這倒不會，」李彬沉吟道，「畢竟我們清除的只是對公司發展不利的人，這種現象對好好工作的員工來說，反而應該是劑強心針才對。對了，上次那個銀河洗浴中心的高階主管，報告寄回來了嗎？」

　　「寄回來了，讓我意外的是，竟然還有一些老合作夥伴來替他求情。」杜偉男皺著眉頭說道。

「那怎麼辦，我們要放過他嗎？」李彬也有些無奈道。

杜偉男毫不猶豫地說道：「當然不能放過他，我立刻就辭退他了，我也不知道這個決策是不是正確。」

正討論著，李、杜二人來到了禮堂。

一進禮堂大門，就看見白板上寫了兩個大大的漢字——「決策」。

「這可真是口渴了就有人送來茶。」杜偉男看著白板上的大字笑了，說道，「才想著自己的決策會不會出錯，就有大師來專門講解這部分了。」

李彬點點頭，環視了一下四周，找到了兩個離講臺還算近的座位。二人剛坐定，一個額頭寬寬、眉毛濃黑、眼神深邃的中年西方人就上了講臺。

「咳，同學們大家午安。」講臺上的人親切地說道，「我是今天為大家講授管理學『決策』部分的導師，我叫——赫伯特・賽門，大家叫我賽門導師就好！」

「啊！我知道您！您是 20 世紀的通才啊！」一位戴眼鏡的男生激動地說道。

賽門導師立刻做出一副謙虛的樣子，說道：「啊呀，不敢當，不敢當，鄙人只是在管理學和相關的各個領域都有著小小的建樹而已。」

大家都笑了，賽門導師俏皮地眨了眨眼，說：「今天我們要講的內容是『決策』，在正式開講之前，我想問問大家都對『決策』了解多少？」

一個女生舉手說道：「決策就是決定吧？」

另一個女生也說道：「決策，分開來講就是決定和策略，就是要對一個策略作出決定？」

這兩位女生帶了個頭，大家也都紛紛表達了自己的看法。等大家說得

差不多了，賽門導師笑著總結道：「大家說得都很好。在管理學中，決策就是人們為了達成某種目的，而在充分掌握了情況和資訊後，再用科學合理的方法列出需要的各種方案，最後，從各種方案中選出一個最為合理的方案。」

「啊，我覺得這個太難了。」剛才的小眼睛男生說道，「我好像有『選擇困難症』，最不會作選擇了。如果方案多了，我肯定會更加崩潰的。」

賽門導師聽後有些嚴肅地說道：「這可不行啊，決策可是管理的核心。身為管理者，我們最重要的工作之一就是作出決策。你想，公司的決策總不能由員工來決定吧？」

「嗯……您說得對，但是，我總怕自己作的決策是錯的，這樣會對公司造成不好的影響。」小眼睛男生唉聲嘆氣道。

賽門導師親切地說道：「沒關係，孩子，聽我講完決策方面的管理學知識，相信你就知道該如何作決策了。我們先看看構成決策的要素有哪些。」

說完，賽門導師在白板上寫下了六個詞彙：決策者、決策目標、自然狀態、備選方案、決策後果、決策準則（如圖 8-1 所示）。

圖 8-1 決策的六要素

「『決策者』很好理解，就是作決策的人；『決策目標』就是決策方向；『自然狀態』和『備選方案』就是制定決策時的種種備選項；『決策後果』就是作出的決策要承擔的風險；決策準則，就是決策所應達到的標準和應該遵循的規則。」賽門導師說道。

「哦，我知道決策準則，」一個女生說道，「您曾對決策準則發表過看法，您認為決策準則不必是絕對的、最優化的，對嗎？」

「是的，孩子，我認為絕對正確的、零風險的決策是不存在的。（如圖 8-2 所示）」賽門導師笑瞇瞇地說道。

圖 8-2 沒有風險的決策是否存在

「這些是決策的構成要素，根據這些要素，我們來看看管理活動的特點。」賽門導師接著說道，「我們先說決策的目標性。所謂目標性，就是我們要弄懂決策要達成的目標，也就是決策的方向。在弄懂目標後，我們要解決的就是這位男生最關心的選擇問題。」

賽門導師看著小眼睛的男生說道：「如果只有一個方案，那就不存在決策問題了。所以，管理者的工作，就是比對各種方案的優劣性，再從中

選出一個最好的方案作決策。這是很考驗管理者判斷力的事，因為決策是有風險性的，任何備選方案都不能說是十全十美的。不過，管理者在作決策時，也不要覺得有壓力，只要進行綜合比對後，選出所有方案中最好的一個即可。」

「可是，賽門導師，我總擔心自己的決策不正確，害怕作了決策後，萬一不正確，大家會讓我承擔責任。」小眼睛的男生說道。

賽門導師搖了搖頭：「身為管理者，怎麼能害怕承擔責任呢？如果你實在害怕承擔責任，那就在作決策時遵循兩個方案：一是召開會議，讓大家對決策給出自己的見解，這樣能有效分攤責任，但最後的風險仍然要由管理者來承擔；二是作決策可以採用『非零起點』，即對之前執行過的決策延伸或修訂即可。」

「啊，這兩個辦法不錯！謝謝您！」小眼睛的男生頓時眉開眼笑起來。

「不客氣，孩子。在了解了決策後，我們就要尋找一個辦法，看如何才能從眾多決策中，選出那個最符合我們要求的。」賽門導師說道。

第二節　在「大海」中撈「針」

大家一聽這話，就知道這堂課的重點來了，於是紛紛挺直了腰背，豎起了耳朵。

賽門導師看大家嚴肅認真的樣子，立刻笑著說道：「各位不用這麼緊張，其實作決策這件事，我們每天都在進行啊！在日常生活中，我們每時每刻都在作選擇。比如今天早中晚餐都吃什麼，穿什麼衣服出門，我要跳槽還是繼續，我要跟她結婚嗎等，這些需要作出選擇的事都屬於決策範

疇。但讓我覺得奇怪的是，大家在面對小決策時，總是很糾結，但面對大決策時，卻總是很魯莽。」

大家都有些不好意思，確實，自己最糾結的決策，可能就是選擇吃什麼。

賽門導師彷彿看穿了大家的想法，於是狡黠一笑，說道：「為了作出一個更好的決策，我們要分析好自己當下的資源，再分析產生決策的過程。我們先看分析資源這一點。分析資源，就是讓我們對自己的現有資源和所處背景作出一個客觀的分析，這樣能避免在作決策時選的目標過低或過高。我們再來分析產生決策的過程。」

賽門導師在白板上寫了六組詞彙：

分析問題 - 目標設定 - 列出方案 - 列出風險 - 進行權衡 - 作出決策

「在這六組詞彙中，分析問題是基礎中的基礎。我給大家講個故事吧：有一對情侶，男生因為工作忙，所以沒辦法及時回覆女生的消息，女生很不高興，覺得男友是因為不愛自己了所以才不回消息，於是常常跟男友吵架。此時，男友將問題定性為『我不回覆她，她生氣了』，所以做的解決方案就是『盡量回覆她』。我們來看看產生的結果 —— 男生因為將時間花在跟女生聊天上，所以耽誤了工作，女生看男生賺錢變少，再次跟男友吵了起來。」

「這女生也太做作了吧？」還沒等廣大男同胞開口，一位女生便開口批評道。

賽門導師說：「其實，這也是男生在決策過程的第一步 —— 分析問題上出現了錯誤。『要陪伴還是要麵包』，這個觀點是男生和女生都要考慮的問題。所以當時，男生應該將問題定調為『我現階段更重要的事情是工作，如果沒有麵包，愛情是走不長遠的』，然後跟女友好好談一談，看雙

方是達成一致還是彼此分開，這樣才是解決問題的方案。」

「啊，您說得對。」一個男生顯然頗有感觸道，「看來，我們人生中的很多決策性失誤之所以會出現，都是因為在決策過程的第一步就出了問題！可是，我們應該如何對問題進行分析呢？」

「首先，這個問題應該具有『未來性』，我們要解決的不僅是當下的問題，還要考慮到未來的問題。」賽門導師說道，「其次是不要有『完美主義傾向』，就像我提出的決策管理理論，絕對完美的決策是不存在的。最後，多給自己設置幾個問題，從中選擇一個最佳問題進行解決。其實，剛才這位有『選擇困難症』的男生，除了害怕承擔責任外，也有一點完美主義傾向，總想找出一個完美無缺的方案，對嗎？」

剛才的小眼睛男生點了點頭，說道：「是啊，我總覺得目前的決策備選項都不夠好。」

「這就是導致優柔寡斷的原因。在中國歷史上，有很多大人物都是因為優柔寡斷，而把手中的好牌打個稀巴爛。比如三國時期的袁紹，祖上四世三公，曹操不過是宦官之後。在那個講究家世門庭的年代裡，袁紹之所以敗於曹操，不就是因為他在打仗時，太想找到一個 100% 勝利的方案嗎？可是戰機稍縱即逝，哪能容他事事追求完美呢？（如圖 8-3 所示）」賽門導師攤手道。

嗬，沒想到，賽門導師還是個中國歷史通，真不愧是 20 世紀的通才啊！大家心裡紛紛給賽門導師按了個讚。

「那像我們這樣的『完美主義者』，應該怎麼進行決策呢？」小眼睛男生說道。

「很簡單，你們在作決策前，可以先用這三個問題問問自己，」賽門導師說道，「第一，這個決策的『保固期』是多久，如果我現在猶豫，那

這個方案什麼時候會失效？第二，如果我延長決策時間，還能收到更好的方案嗎？第三，如果繼續猶豫，會影響到其他重大決策嗎？」

圖 8-3 沒有最完美的決策

看著小眼睛的男生一頭霧水的樣子，賽門導師無奈道：「我們舉個例子吧，假設我準備跳槽到另一家公司。先看第一個問題，如果我不馬上辭職，那之前連繫好的工作就會失效；第二個問題，我已經有最佳選擇了，如果有更多的時間考慮跳槽對象，我能找到更好的嗎？第三個問題，如果繼續猶豫下去，我只能是浪費自己的時間，耽誤在另一家公司的資歷。」

「哦，我明白了。」男生立刻說道，「把這三個問題問過一遍，相信我也能儘快作出決策！」

「還有啊，除了完美主義外，『沉沒成本』也是影響決策作出的因素，各位都知道沉沒成本嗎？」賽門導師問道。

同學們歪著頭想了想，有的知道，有的不知道。一位女生說道：「沉沒成本，就是已經無法挽回的部分。」

「不錯。」賽門導師肯定道，「還是拿情侶舉例子吧。一對男女戀愛四年，越臨近婚姻，二人就越發現對方其實不是自己要找的人。可是，這四年投入的時間、金錢和感情太多，兩個人誰也不忍心說分手。最後，倆人帶著不滿步入婚姻。可想而知，他們的婚姻也將出現問題。在這個例子中，『四年投入的時間、金錢和感情』就是沉沒成本。」

「啊，確實，我經常被沉沒成本絆住腳步，看來，想要作出正確的決策真不容易啊，就像在大海撈針，而且還要撈出最尖的那根針。」小眼睛男生有些沮喪。

「不！並非如此，」賽門導師說道，「你不要抱著這種想法。我已經強調過很多次了，管理學中沒有絕對完美的決策，你要做的，只是選出它們中間相對較好的即可。你確定它對公司未來發展有利，你確定能承受這個決策帶來的風險，那它就是好決策。」

小眼睛男生恍然大悟道：「這回我真的明白了！謝謝您，賽門導師！」

賽門導師連連擺手，說道：「不用謝我，孩子，畢竟作決策確實不容易。我很喜歡你們最近拍攝的那部《流浪地球》，在這裡套用《流浪地球》裡的臺詞——方法千萬條，決策第一條，決策出了錯，企業兩行淚！」

第三節　管理方法千千萬，決策是中心

聽完賽門導師的話，臺下的觀眾都哄笑起來。

等大家笑得差不多了，賽門導師趕快說道：「對於管理者來說，管理就等同於決策。不管是提拔高階主管的決策，還是企業未來發展的決策，這些都會影響到企業未來的運作和發展。那麼，誰能告訴我什麼樣的決策才是對公司發展最有利的？（如圖8-4所示）」

「保守的決策」「冒險的決策」「大家一起作出的決策」「還是冒險一點的決策，富貴險中求嘛」……同學們紛紛回答道。（如圖8-4所示）

圖 8-4 決策的種類

賽門導師笑瞇瞇地聽著，時不時點點頭道：「不錯不錯，大家都很有想法，我聽完後，發現大家的意見主要集中在兩個方面，那就是『冒險決策』和『集體決策』，對嗎？」

同學們紛紛點頭稱是。

賽門導師說道：「大家說得都很對，『冒險決策』和『集體決策』都是對企業發展有利的決策。」

「可是，冒險決策為什麼會比保守決策好呢？它可是需要冒險的啊。」一個女生說道。還沒等賽門導師說話，另一個女生便回過頭來，說道：「可是，有哪個決策是沒有風險的呢？」

賽門導師笑著說道：「是啊，而且，冒險決策並不等同於莽撞決策。比如豬肉漲到了 35 塊錢一斤，有的公司想『豬肉漲到了 35 塊錢，這已經是前所未有的價格了，可是，新豬還沒出來，凍豬肉也很快就清空了庫存，我手裡有 10% 的『豬肉股』，應該可以再買 5%』，這就是冒險決策；有的公司想『哇，豬肉這麼貴了，我本來就有 10% 的『豬肉股』，這次得買到 20%，說不定還能漲呢』，這就是莽撞決策。」

「可是，就結果來說，這不都差不多嗎？」女生疑問道。

「那我再舉個結果不一樣的，」賽門導師說道，「某人給你一輛時速 200 公里的超級跑車，並承諾只要跑完一圈就給你 5 億元。在這個例子裡，冒險的做法就是確定所有條件都真實後，將方向盤握在自己手裡；魯莽的做法則是聽完後立即上車。」

女生恍然大悟。賽門導師繼續說道：「剛才有同學說『富貴險中求』，確實，從經濟學角度看，收益是跟風險成正比的，搶銀行的收益高，可是它的風險也很大。所以，我們在制定冒險決策時，一定要注意收集資訊、洞察資訊和應用資訊。相信每位管理者的資訊收集能力都是過關的，90%以上的管理者也能輕易辨別資訊的真假，所以，真正將管理者們的決策能力層次拉開的是應用資訊。也就是說，你要如何將得到的資訊變成決策的一部分，你能不能利用這些資訊，去增加公司的業務、拓展專案和客戶、

提高公司的核心競爭力等。」

　　大家紛紛點頭，看來冒險跟魯莽雖然只是一線之隔，但卻千差萬別啊。

　　賽門導師見同學們理解得差不多了，又開口道：「除了冒險決策外，還有集體決策也是同學們給出的類型，對嗎？」

　　「是的，賽門導師！」大部分學生說道。

　　杜偉男笑了笑，估計大家都是聽賽門導師說「分攤責任」，所以才想出了「集體決策」。

　　這時，一個男生舉手問道：「集體決策，會不會降低效率啊？」

　　「這個也不能說絕對不會。」賽門導師分析道，「如果是小公司，算上老闆才五六個人，那就沒必要採用集體決策了。但如果是大企業，其經營環境會比較複雜，關於決策，光靠領導一人的力量明顯是不夠的。所以，集體判斷能很好地協助主管作出決策。而且，集體決策也能讓大家更好地達成共識，在執行時也更方便。」

　　剛才舉手的男生說道：「賽門導師，我是做網際網路公司的。您也知道，網路市場往往是瞬息萬變的，產品更新疊代的速度也超過其他產業百倍不止。所以，我覺得決策速度比決策品質更重要。如果把大量時間放在討論上，就很有可能錯失機會。您想，要是時過境遷了，就算這個決策再優質，那還有什麼意義？」

　　聽完男生的話，不少同學頻頻點頭。李彬也點點頭，確實，難道決策的速度跟品質就不能兩全嗎？

　　這時，只見賽門導師胸有成竹地說道：「看，大部分同學都覺得集體決策比單獨決策更慢，因為他們有一個討論環節。但是其實，決策的速度

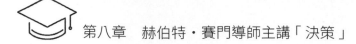

跟品質並不矛盾。我們在作集體決策時，可以讓下面幾位管理者分別制定可行策略，或統一幾個方案一起商榷，這樣就能節省不少時間。而一些快速獨斷的決策，反而可能是魯莽的『一拍腦門』。」

聽完賽門導師的話後，剛才舉手的男生沉吟了一下，然後真誠地說道：「您說得對，我把問題想得有些簡單了。」

賽門導師對他笑了笑，說：「其實，管理者只要及時掌握商機，在汲取意見的同時快速作出決策即可。讓管理者們提前構想決策方案，還能促使他們對市場進行預測。而且，集體決策還能有效提高階管理層的全局觀，能提高他們的策略思維和眼光，這樣也能有效地提高公司決策的整體效率。」

大家紛紛點頭。賽門導師笑瞇瞇地看著大家說道：「好，今天的課程就到這裡了，各位，一定不要忘了，方法千萬條，決策第一條 ——」

「 —— 決策出了錯，企業兩行淚！」大家立刻高聲接道，隨即爆發出了熱烈的掌聲，送別這位可愛的 20 世紀通才。

第九章
約翰・康芒斯導師主講「人力資源」

本章透過四個小節，講解了約翰·康芒斯的人力資源管理理論要點。
在約翰·康芒斯看來，制度是企業的血脈，人力是貫徹制度的基礎。
為了幫助讀者更好地理解約翰·康芒斯的人力資源管理學，作者將約
翰·康芒斯的觀點摸清讀透後，用幽默詼諧的方式進行了淺顯易懂的
講述。對人力資源管理有興趣的讀者，本章是不可錯過的部分。

約翰・康芒斯

（John Commons, 1862-1945），美國管理學家，制度經濟學家。在約翰・康芒斯看來，企業中最重要的就是制度與人。康芒斯認為，所謂「制度」就是推動經濟發展的重要力量。這裡的「制度」，指的是約束個人行動的集體行動。例如美國在建國後的最初 50 年內，大部分公司都屬於壟斷性組織，但隨著公司對法律與人力資源的重視程度不斷提高，美國的公司變得普遍化。

第一節　企業最棒的資產是什麼？

李、杜二人自從聽完賽門導師的「決策管理」後，就在企業專門設置了「高層決策小組」和「基層決策小組」，來共同商討有關企業的決策問題。

在召開了兩場會議後，兩個人都對企業現狀有了一些感觸。

這天，李彬笑意盈盈地對杜偉男說道：「我帶著『基層決策小組』開了幾場會後，發現我們公司有不少員工都可堪大用啊，以前是真沒發現，原來他們有這麼多不錯的想法。」

杜偉男嘆了口氣，說：「哎，你就好了，我帶的『高層決策小組』，大部分人都是一腦袋糨糊，也不知道平時是怎麼工作的，一到決策的時候都支支吾吾說不出話來。你說我們養了這麼多高階主管，關鍵時刻卻只會踢皮球，真叫人生氣。」

這時候，祕書敲門走了進來：「李總，杜總，您二位上管理課的時間要到了，要不然我們先去上管理課，回來再談？」

「好！」二人立刻從辦公桌前站起來。

不多時，車就到了 R 大門口，李、杜二人說笑著快步走進禮堂，彷彿又回到了上學的那段日子。剛走到門口，一位頭髮捲曲、戴著眼鏡、身穿長款西裝的英俊男子就從二人身邊擦肩而過。男子看起來文質彬彬，面目清秀，惹得不少女生低聲驚呼起來。

只見男子信步走上講臺，而後溫文儒雅地說道：「大家晚安，我是今天的管理學講師 —— 約翰·康芒斯。今天由我來為大家講解『人力資源』部分。」

今天這麼早就開課了？這位年輕的西方人真的是導師嗎？李、杜二人心裡冒出不少疑問。只見年輕的康芒斯導師笑著說道：「中國春秋時期的孔子曾說，『有教無類』，但我卻持有不同觀點，畢竟我們是管理者，是做企業的，如果讓我們什麼人都吸收，那就太浪費企業資源了。所以，我們需要做的就是在工作實踐中鑑別人才，並根據人才的個性特點，給予他們合適的定位和指導，所以，人力資源管理是企業管理的重要方面。」

「可是，康芒斯導師，我們應該如何鑑別人才呢？現在『偽人才』太多，我個人經驗又不夠，有沒有什麼好辦法能用於鑑別呢？」一位戴小圓眼鏡的男士問道。

「這個問題還是很容易的。」康芒斯導師溫和地說道，「我曾讀過漢末魏初時期的《人物誌》，讀完後頗有感觸。《人物誌》將人才分成兩部分，一部分是全才，另一部分是偏才。全才就是指各方面『氣質』比較平均的領導型人才，而偏才則是在某方面『氣質』突出的專業性人才。下面我就跟各位談談如何鑑別人才。」

說著，康芒斯導師在白板上寫了兩個大大的漢字 —— 相面（如圖 9-1 所示）。

大家不由得面面相覷，心生疑問：「我們這是上管理學課程嗎？」

康芒斯導師似乎看出了大家的想法，於是說道：「這個『相面』並不是神祕東方關於生辰八字、摸骨算命之類的做法，而是從員工的表情、行為、言談舉止來甄別。比如觀察員工的善惡行為，辨別其是否為閒雜人員。如果某位員工在別人遇到災難時表現得很有同情心，但出錢資助的時候卻很吝嗇，那他就是慈而不仁；如果一名高階主管，只在口頭上對員工十分關懷，但卻連一頓飯都不請員工吃，或員工家庭有困難卻不組織幫忙，那他就是仁而不恤。閒雜之人總是言行不一，以自我利益為中心。從這些細節處就能判斷其是否為間雜之人。」

圖 9-1 甄別人才

　　確實，只要觀察對方的行為，就能知道對方實際上是什麼人。就算對方穿得再奢華得體，說得再舌燦蓮花，只要看他們的潛意識行為，就能知道對方的真實面目。

　　「言語表達能夠反映出一個人的基本性格，」康芒斯導師繼續說道，「比如他的語速是急迫還是緩慢，聲調是高還是低，表達意思是明朗還是晦澀，等等。我們可以由此判斷這個人的個性。觀察其語言與行為舉止是否矛盾，我們可以判斷出對方是真誠還是虛偽。如果其行為與語言不相符合，那這個人就不值得信任。」

　　「小圓眼鏡」一邊連連點頭，一邊正在瘋狂記著筆記。

　　杜偉男在一旁想道，不管是面試還是從業，自己跟李彬看到的人員面貌，都是對方想讓他們看到的。正是因為如此，他才被一部分人給矇騙了，誤以為他們是對企業有用的人才。

　　康芒斯導師溫和地說道：「最近，我的中國朋友經常跟我提到『素養』二字。其實，素養也是確定人才性質的方法。透過每個人的素養，我們可以判斷出對方是怎樣的一個人，有什麼樣的個性特徵，為人處世的基本原則如何，繼而才能判斷其適合何種職位。現代管理心理學的理論將人分為多血質、黏液質、膽汁質、憂鬱質等四種不同類型，這四種類型的人具有不同的個性，適合不同的職業。」

　　杜偉男點了點頭，然後舉手說道：「其實，經驗老到一點的管理者，能很容易分辨各種員工的類型。比如同樣用言語攻擊他人，有的是出於真性情，有的就是刻意為之了。只不過，一些沒經驗的管理者會被企業裡的『老油條』矇蔽。」

「是啊，企業最棒的資產就是人力資源了。所以，在選拔人才的環節，我們一定要擦亮雙眼，這樣才能為以後的環節節省各種成本。」康芒斯導師說道。

「在選拔人才的環節謹慎點，是不是就不用再花錢培訓了？」一位女生皺著眉頭問道。

「當然不是。」康芒斯導師溫和地說道，「其實，選拔人才和培訓人才都是必不可少的。下面，我們來具體講解一下這部分 ──」

第二節　發現人才還是培養人才？

「關於選拔人才和培訓人才，大家都有什麼好的建議嗎？」康芒斯導師問道。

一位打著髮膠的中年男子說道：「我覺得在選拔人才時還要嚴格把關。我們公司前陣子重金挖來一個高階主管，這人做了兩個月就跑了，還帶走了我們公司的不少內部資訊。（如圖 9-2 所示）真是氣死我了，也不知道人事部是怎麼把他招進來的。」

康芒斯導師安慰道：「這確實很讓人頭痛，如果在應徵環節能嚴格把關，就能盡量避免這樣的問題了。」

另一位繫領帶的男士說道：「也不一定，其實應徵來的人素養怎麼樣都可以。我是做 ×× 外賣的，只要把人招進來，後期培訓一下不就好了嗎？」

「你如果招的是立刻就能上手的人才，不就省下培訓的成本了嗎？」髮膠男子說道。

圖 9-2 小心「人才陷阱」

「領帶男」正要反駁，康芒斯導師趕快說道：「究竟是內部的人才培養有利，還是外部引進的人才更好？關於這個問題，我不能給出一個絕對的答案。但是我可以把選拔人才和培訓人才的優缺點給大家講解一下，各位可以根據企業的實際情況進行選擇。」

「您先從選拔環節開始講解吧。」剛才的「髮膠男」迫不及待地說道。

康芒斯導師溫和一笑，道：「當然可以。你看，選拔人才就是我們常說的外部應徵，應徵是企業與外部資訊交流的一種非常有效的方式。透過應徵，企業可以選拔對公司有利的人才，也可以對外界樹立一個良好的形象。新人才的加入，還能給企業帶來不同的價值觀，讓新思想和新方法融入企業，這也有利於企業經營管理和技術的創新。」

「您想說的是『鯰魚效應』吧？」一位紮雙馬尾的女生說道。

「不錯。」康芒斯導師對女生眨了眨眼，說道，「鯰魚在攪動沙丁魚生存環境的同時，也激發了沙丁魚的求生能力。也就是說，新鮮血液進入企業後，會給原有員工帶來無形的壓力，使他們產生危機感，繼而激發原有員工的潛能和鬥志。」

「選拔人才還能避免『近親繁殖』，」另一位女士說道，「我們公司靠裙帶關係進來的人太多，開會的時候扔塊石頭下去，能砸死七八個經理家的親戚，不是小舅子就是小姨子。這些人平時不工作，拿的還比正常員工多。有功了受獎勵的是他們，有錯了背鍋的就是其他人，真是讓人無語。」

康芒斯導師也搖了搖頭，嘆息道：「這種行為就是對企業最不負責任的行為。選拔人才的環節，可以讓新老員工透過學習交流共同進步，也可以刷掉一部分關係戶，緩解公司內部的矛盾。而且，從外面選拔人才，還能有效避免不正當競爭。」

「什麼是不正當競爭呀？」一位女生好奇地問道。

「嗯，舉個例子吧，」康芒斯導師說道，「你看，如果經理升遷了，這個位置出現了空缺，那麼，幾個副經理和高階員工間就有可能出現不正當競爭，企業也可能因為內耗而影響營運效率。而且，一旦某位員工被提拔，其他候選人也會產生消極情緒，甚至不服管理。所以，從外部應徵個經理過來，反而有利於企業內部的團結。」

「噢，我明白了，」女生恍然大悟，說道，「怪不得好多公司的高階主管都是『空降兵』呢！」

「是呀，而且，外部應徵是在大環境內挑選人才，選擇餘地大，能應徵到優秀人才的可能性也更高一些，」康芒斯導師笑著對「髮膠男」說道，「就像這位男士說的。一些比較稀有的特殊人才尤其應該從外面選

拔，還能夠節省培訓費用。」

「但是，外部應徵會資訊不對等啊，就像他剛才說的，有人本就是不懷好意的，面試官也很容易被求職者的表象所矇蔽，無法了解他們的真實意圖。何況，人才篩選本就難度大、成本高，我覺得還是把重點放在培訓上比較好。」剛才那位做外賣的男士說道。

康芒斯導師擺擺手，說：「當然，有利就有弊，人才的外部應徵肯定是有些不足之處的。比如他們還有可能出現『水土不服』的症狀，若外聘人員無法接受企業文化，只會浪費彼此的時間，讓應徵企業成為他們的『跳板』或『中轉站』。」

「是啊，還有就是，如果企業內部有優秀的人才未被選用，那麼這些由外部應徵進入企業的員工會讓他產生逆反情緒，而不與外聘者合作，反而導致企業的整體效益下降。」「領帶男」說道。

「那，培訓就全是優點，沒有缺點了？不說別的，光說培訓費就不是一筆小數目。何況，你們這麼培訓，我也沒見你們 ×× 外賣的外賣員素養有多高。」「髮膠男」不屑道。

康芒斯導師趕快勸道：「不能因為個別人的素養，就否定整個產業的人員素養。何況，對員工的培訓也是很有必要的，這筆成本是不可省略的。在選拔環節嚴格把關，只能讓後來的培訓工作更好地進行，但不能直接跳過員工培訓環節。」

「領帶男」得意洋洋地看著「髮膠男」，轉而對康芒斯導師說道：「雖然我知道培訓員工很有必要，但對具體內容也是一知半解的，還得請您多講解一下。」

康芒斯導師點點頭，說：「我們都知道，現代企業的競爭說到底就是人才的競爭。隨著知識和技術的更新速度越來越快，企業也需要不斷更新技術

和理念，這就意味著要不斷對員工進行培訓，讓員工能跟上企業發展的腳步。所以，員工培訓是增強企業競爭力的有效途徑。而且，員工透過培訓，可加深對企業文化的認知程度，也能增強企業的凝聚力。而對於員工來說，培訓也是企業給員工最好的福利，畢竟，學習是持續終身的事情嘛。」

「可是，康芒斯導師，」一位女生說道，「我知道選拔和培訓人才的重要性，就像您說的，企業的競爭說到底就是人才的競爭，但企業應該怎麼做，才能保證人才不會流失呢？」

「哦，這是我接下來要講的問題。」康芒斯導師微笑著說道。

第三節　怎樣留住優秀員工

「剛才我們講了企業應當如何選拔和培訓人才，下面，我們就來講一下人才憑什麼要留在你的企業中。」康芒斯導師說著，在白板上寫了兩個大字 —— 時代。

「這是一個科技高度發達的時代，然而，經濟問題卻成了一個全球性的問題。」康芒斯導師說道，「不管是發達國家，還是發展中國家，每年的失業率都逐年提高。然而現實的情況是，每個月都有上百萬的員工，為了尋找更好的工作而提出辭職。而且，在所有新入職的員工中，平均有三分之一的人會在半年內辭職。在員工辭職後，企業不得不再花費一次成本來僱傭新人。如果人員流動率大，企業的人才成本也會隨之加重。」

「哎，聽您這麼一說我就更迷茫了。」剛才那位女生說道，「我是專門負責新員工培訓的。如果我負責的員工離職率高，那跟我的績效也有直接關係。所以，我想知道我該透過什麼方式留住優秀員工呢？」

康芒斯導師溫和地說道：「這位同學，其實，這個問題不僅是你要考

慮的，更應該是你們企業老闆要考慮的，因為你只是負責將公司的實際情
況呈現給新員工。」

　　女生點點頭，說：「那您說，我們企業若想留住優秀員工，又該怎麼
做呢？」

　　康芒斯導師說道：「大家出來工作的理由，有99％都是為了錢和生
存。所以，留住優秀員工的第一條，就是你們公司的薪資和福利必須具有
競爭力。如果不能做到超過其他同類型公司，那起碼要做到在平均線以
上。如果人才來公司後，發現這裡做的工作多，給的錢卻少，一天兩天還
可以，時間長了他們就會心生怨言，繼而離開了。（如圖9-3所示）」

　　女生思索了一下，然後說道：「不錯，您說得對，我們公司有一半的
人，離職理由寫的首要原因都是薪水低，其次就是福利少和不利於職業發
展。」

圖 9-3 留住優秀員工

「難道他們只是為了錢嗎？」另一個女生皺著眉頭問道。

康芒斯導師立刻說道：「當然不是。但是，絕大部分人出來工作都是為了生存，所以，支付他們足夠的薪酬，給予他們足夠的福利，他們才願意留在這個公司服務。因為你為員工提供足夠的薪資後，我們才能使用其他管理方法對員工進行管理。」

那位女生立刻說道：「康芒斯導師，有沒有那種，就是適合我們這種特別小氣的公司的留人方式啊？」

大家聽了都笑了，這怎麼可能？

但康芒斯導師卻微笑道：「當然，也有這樣的管理方法。」

「什麼？」這回輪到大家傻眼了。

只見康芒斯導師笑瞇瞇地說道：「在企業應徵過程中，如果員工提出關於辭職的問題，人力資源部的各位也不要緊張和驚訝，因為他從最開始就存在辭職的念頭。換句話說 —— 你們應徵到了一個不適合公司的人。」

「不適合公司的人？那如果不讓他工作一段時間，不彼此磨合磨合，我們又怎麼知道他適不適合公司呢？」做人力資源的聽眾們紛紛發表了自己的看法。

可康芒斯導師卻搖了搖頭，說：「不是這樣的，各位，我先給大家看一組例子吧，兩家公司應徵，A 公司在應徵之初，就透露了公司 70% 的情況，而 B 公司為了多招人，只透露了公司的福利和優勢部分的情況，總體為 30%。大家可以想一想，哪家公司的人員會更加穩定？」

同學們陷入了沉思，不久，大家都紛紛給出了答案 —— A 公司。

康芒斯導師微笑著說道：「是啊，如果一名員工在不了解公司的情況

下加入，那隨著時間的推移，公司展露出來的讓他不滿的地方就越多，慢慢的，他就會對公司表示失望，繼而提出辭職。相反，如果公司一開始就真誠地把公司現在的發展階段、薪資待遇和未來規劃擺在員工眼前，那員工更有可能願意接受這樣的待遇，並跟隨公司一起奮鬥。」

大家恍然大悟，女生又問道：「康芒斯導師，我們公司確實小氣，那有沒有什麼辦法，讓員工覺得金錢層面以外的其他福利很好呢？」

康芒斯導師笑著說道：「有的，但是公司必須有這樣的認知 —— 我給多少錢，對方就為我做多少工作。（如圖 9-4 所示）有的公司只給員工支付很少的薪資，卻不停壓榨他們，這樣的公司是做不長久的。所以，當公司想節省員工薪資成本時，就要適當減輕他們的工作負擔。換句話說，就是讓員工覺得在這個公司比較輕鬆，沒那麼痛苦。」

企業留住優秀員工的方式有很多，比如用金錢、情感等。但是，管理者要注意，不要把員工當成奴隸，因為雙方是雇傭關係，員工不欠公司什麼。

圖 9-4 企業如何留住優秀員工

女生歪著頭想了想，似乎沒太理解康芒斯導師的意思。康芒斯導師繼續說道：「讓員工痛苦的原因，往往是工作與生活不能平衡。如果員工覺得他絕大部分時間都在工作，甚至沒有休息和吃飯的時間，那他就會負能

量爆棚，繼而發現這份工作就是讓自己痛苦的根源。所以，他們自然會選擇辭職了。」

「也對。」女生說道，「哎，我們公司確實小氣，但也是因為公司剛起步，確實支付不起比同行們更有競爭優勢的薪資。而且，正是因為公司剛起步，所以員工們通常身兼數職，每天從早上忙到深夜。您說，在這種情況下，我們還怎樣留住優秀員工呢？」

大家一聽也紛紛搖頭，員工也不是做慈善的，這樣的公司誰願意待啊？

可是，康芒斯導師卻自信道：「在管理學的世界裡，沒有什麼是不可能的。你說的這種情況我也遇見過，所以，我給的建議是 —— 找到優秀員工的『痛點』。有些人看重休息時間，有些人看重公司前景，有些人看重公司文化。只要找到員工們的『痛點』，並且讓員工知道公司能滿足自己的主要需求，那他們就會心甘情願地為公司奉獻了。」

「噢！我明白了！」女生高興地說道。

「當然，這裡還有一點，也是針對公司優秀員工的，」康芒斯導師故作神祕地說道，「那就是 —— 小心那些被放錯的『資源』！」

第四節　小心那些被放錯的「資源」

康芒斯導師說完，大家都是一愣，放錯的「資源」？

康芒斯導師看出了大家的疑惑，於是說道：「是呀，其實，很多人才只是被放錯了位置，比如性格開朗的去做了研發，性格內斂的卻做了公關，等等。相信在場的各位，有不少都是使用『末位淘汰制』來進行人才考核的吧？」

　　大家紛紛點頭，確實，「末位淘汰制」是一種最為常見的處理不合格員工的績效考核辦法。所謂「末位淘汰制」，就是根據企業的具體目標，結合各個部門工作職位的實際情況，設定一定的績效考核指標，依據這些指標來對員工進行考核，最後根據考核結果，淘汰評分較低的員工。

　　「當然，我不能說『末位淘汰制』是錯的，因為從具體的執行效果來看，這種績效考核制度確實能夠提高員工的工作積極性，而且在很大程度上，『末位淘汰制』還可以造成精簡機構的作用。」康芒斯導師說道。

　　杜偉男接著說道：「但是，『末位淘汰制』有些過於殘酷，會讓公司的整體氛圍受到影響。它會製造高壓環境，不利於團隊精神的形成，它也不符合現代管理的精神。」

　　「是啊，沒錯，」康芒斯導師笑瞇瞇地說道，「但在這裡，我想告訴各位的是，『末位淘汰制』可能會讓公司喪失優秀人才！」

　　「噢，我明白了，」李彬說道，「您的意思是——放錯了的人力資源！（如圖9-5所示）」

圖 9-5 小心被放錯的「資源」

「不錯！」康芒斯導師笑著說道。

看著大部分人疑惑不解的樣子，康芒斯導師繼續說道：「你們看，對於一些機構冗雜、人員過剩的企業來說，『末位淘汰制』是一種很適合的管理機制。但對於大部分現代企業來說，它們是講求以人為本的，所以，『末位淘汰制』就違背了尊重人性、挖掘人的內在潛能的宗旨。尤其是那些剛起步的企業，它們的人員配置是合理的，機構設置也是簡單的，如果推行『末位淘汰制』，反而會讓員工對公司離心離德。何況，人力資源的工作目標之一，就是為員工尋找到真正適合他們的職位。」

「那麼，已經被『末位淘汰制』判定為不合格的員工怎麼辦？」一位男士問道。

康芒斯導師說道：「我的建議是，給他們一個緩衝期，讓他們重新接受培訓，在培訓結束後上崗，並於上崗的三個月後重新接受評估。如果他們能超額達到新職位要求，我們就可以給他們一個機會。而且，在實行『末位淘汰制』時，我們也要注意考察員工究竟是因為什麼才被評到末位的。」

另一位男士嗤之以鼻道：「哼，不管什麼理由，末位就是末位，還有什麼好考察的？」

康芒斯導師搖了搖頭，說：「被『末位淘汰』的員工並非是最差的員工，他們只是在這個職位上綜合能力不達標。何況，有些員工是因為客觀條件才導致考核成績偏低。所以，管理者要搞清楚員工績效差，究竟是因為能力不夠還是態度不行，這樣才能針對該員工展開培訓工作。」

「那麼，康芒斯導師，工作態度不行和工作能力不夠的員工，都應該如何進行培訓呢？」一位穿著正式的女士問道。

康芒斯導師說道：「如果是工作態度有問題，那我的建議是 —— 開

除。因為他們原本就不愛工作，所以對他們進行培訓是沒有意義的，他們也沒有渴望改變的欲望。但是，對工作能力不夠的員工，我們卻可以透過培訓的方式找出他們能力不足的原因，這樣才能幫助員工成長，員工的成長才能利於企業的發展，也能培養員工的向心力。」

「您能具體說說怎麼培訓因為能力不夠而在『末位淘汰制』中考核得分低的員工嗎？」女士拿出筆記本說道。

康芒斯導師點點頭，溫和地說道：「我們首先要做的，是對不合格的員工進行分類。做好分類之後，我們在培訓過程中便需要安排專門的培訓人員對不同職位的員工進行培訓。每個職位所需要的知識技能並不相同，即使是在同一個部門內部，不同的職位對知識技能的要求也存在著不小的差異。所以培訓的第一步就是要讓員工重新了解自身的職位知識和技能，找到自身應該負擔的職位職責。」

「但是，完全準確地定位各個職位所需要的全部知識和技能是非常困難的吧？」剛才嗤之以鼻的男子皺著眉頭說道。

康芒斯導師點點頭，說：「當然，但是通常情況下，部門負責人在培訓過程中，可以至少舉出三項各個職位必須具備的知識和技能。這些知識和技能要盡可能與員工的職位存在直接連繫。同時，管理者還需要找到員工自身能力上存在的缺點。即使不能透過培訓完全彌補其工作方面的短板，也至少能夠使得員工自身能力的缺陷得到一定的補強。人力資源部門應該及時對員工培訓進度進行記錄和總結，從而為後續的員工培訓計劃鋪路。」

女士聽得連連稱讚，不停筆地把這些記錄了下來。

另一位穿紅西裝的女士說道：「我是市場部的高階主管，我們部門一個小女生在年終考核時拿了最後一名。但我對她印象不錯，她聲音甜美，

為人謙和，我不明白為什麼是她拿了最後一名。於是，我把負責考核的經理叫過來詢問。對方說，這個小女生太內向，在面對客戶時總是羞怯有餘，氣場不足。」

「那就對她進行語言表達和銷售技能方面的培訓啊。」記筆記的女士說道。

穿紅西裝的女士搖了搖頭，說：「這是沒有用的，與客戶面對面交談只能讓她痛苦。所以，我把她安排到了電話客服，沒想到剛工作了一個月，這個小女生的績效指標就超出平均線一大截。」

記筆記的女士想了想，說：「可是，從市場銷售轉到客戶服務，同樣都需要語言表達技能啊。」

穿紅西裝的女士說道：「不一樣，小女生之所以在市場銷售方面表現不佳，主要是因為現場反應能力較差，導致語言表達跟不上銷售的節奏。但客戶服務則不同，前期掌握的客戶服務知識，在後期的服務工作中就能夠充分發揮出來。再加上小女生本就是個認真細緻的人，又具有沉穩內向的品質，所以非常適合擔任客戶服務的工作。」

康芒斯導師點頭讚許道：「真不錯，這個例子可以用在我今後的教學中。」

剛才的男士猶豫了一下，說道：「這不是幫助員工逃避困難嗎？」

「並非如此，」康芒斯導師溫和地說道，「其實，每個公司的『全才』都是少數人，幫助一些『偏才』更好地發光發熱，豈不是對企業管理更有幫助？」

大家都點頭稱是，康芒斯看著瘋狂記筆記的同學們，滿意地笑了，說：「好了，各位，關於人力資源管理的部分就是這些了。對了，大家可

以期待一下下堂課的導師哦！」

　　大家面面相覷，好奇心也被吊了起來。但是，他們仍然沒有忘記用熱烈的掌聲送別這位儒雅睿智的管理學家。

第九章　約翰・康芒斯導師主講「人力資源」

第十章
松下幸之助導師主講「組織文化」

本章透過四個小節，講解了松下幸之助的組織管理理論要點。在松下幸之助看來，企業管理就是針對組織的管理，因為企業原本就是一個組織。可是，如何組織好各種經營活動，如何讓管理貫穿到組織之中，就是管理者亟待解決的問題了。為了幫助讀者更好地理解松下幸之助的組織管理理論，作者將松下幸之助的觀點熟練掌握後，以風趣的表達方式和淺顯易懂的文字呈現給讀者。

松下幸之助

　　（Konosuke Matsushita, 1894-1989），日本著名跨國公司「松下電器」的創始人，有「經營之神」和「日本企業管理之神」的美稱。松下幸之助很注重組織管理，也很注重對員工的教育。松下幸之助每週都會給員工演講，還創作了松下歌曲，這大大提升了組織管理效率。所以，在松下幸之助的公司，很少出現勞資糾紛問題。值得一提的是，他還首創了「終身僱傭制」和「年功序列」制，對日本乃至世界的企業管理都造成了極大作用。

第一節　能提高競爭力的組織文化

　　「中國人？」

　　「不，是日本人！」

　　李、杜二人剛進教室，就聽見學生們紛紛爭論著。

　　「我看見了，是個黃種人，肯定是中國人！」一個學生說道。

　　「不，我看他像個日本的小老頭。」另一個學生反駁道。

　　不過，聽了半天，新導師有副亞洲面孔無疑了。

　　李、杜二人尋了個座位坐下，只等新導師來一解疑惑了。

　　坐下沒一會兒，一個身材瘦小的老頭便顫巍巍地走上了講臺。他耳朵很大，大得跟他的身材有些不搭，但卻給人一種靈活且睿智的印象。

　　「咳，大家晚安，我是今晚的導師松下幸之助，請多指教。」松下幸之助導師對臺下鞠了一躬，隨即露出了一個有些狡黠的笑容。

「看，我說是日本人吧，不過，松下這個名字好耳熟。」坐在李彬前面、染著黃頭髮的學生低聲說道。

他旁邊的另一名同學則小聲回應：「能不耳熟嗎，這是松下電器的創始人……」

「啊！」黃髮學生一聽「松下電器」四個字，發出了恍然大悟的聲音，引來了禮堂裡人們的矚目。黃髮學生趕快坐好，不敢再出聲了。

「沒關係，噯，不要緊張嘛，在緊張的氛圍裡，我們是學不到什麼東西的。」松下幸之助導師笑瞇瞇地說道，「放鬆，放鬆一下。」

不知道為什麼，松下幸之助導師的口氣讓杜偉男想到了「一休哥」。但確實，托松下幸之助導師的福，現場氣氛都輕鬆了不少。

「今天，我要給大家講述的管理學內容是組織文化。組織文化，又可以叫做企業文化，它是讓企業能夠得以發展壯大的重要因素。（如圖 10-1 所示）組織文化是企業能否繼續發展的精神力量，也是一筆難能可貴的精神財富。」松下幸之助導師笑瞇瞇地說道。

透過組織文化，企業上下能凝聚在一起，彼此溝通也能更順暢。

圖 10-1 組織文化

「是啊，您說得對。在現代企業管理學中，組織文化管理已經成為增強企業核心競爭力的重點部分，所以，構建組織文化就是推動企業的管理。」一位穿著花襯衫的男士說道。

「可是，組織文化這種東西太虛了吧，靠這種東西真能管理好企業嗎？」另一位蓄著鬍渣的中年人蹙眉道。

「把精神層面的東西，落實在物質層面就可以了啊。」松下幸之助導師笑瞇瞇地說道，「一些大公司會做些體現企業文化形象的標識和員工服裝等，一些小公司也可以透過宣傳標語和手冊來貫徹這方面的內容。畢竟，企業制度就是最直觀的組織文化的表現形式嘛。」

「鬍渣男」有些疑惑地說道：「松下幸之助導師，企業制度的重要性我是知道的，但除了這方面，還有哪些能貫徹和落實組織文化嗎？比如我們公司的組織文化是『勇於競爭』，我應該如何貫徹這個組織文化呢？」

松下幸之助導師笑瞇瞇地說道：「想把組織文化貫徹到全公司，就要率先端正員工們的思想，要讓他們跟著管理者的思路走，配合公司的文化精神和氛圍。管理者要幫助員工們摒棄低級的價值觀和錯誤的工作心態，讓他們自覺地加入到組織文化的建設中。只有這樣，員工才能達到跟企業『同甘共苦』的境界。」

「鬍渣男」聽得連連點頭，確實，想讓大家遵守組織文化，首先要讓他們認可這個文化。

松下幸之助導師繼續說道：「其次，我們作為管理者，還要將自己的思想意識和價值觀念與企業的發展目標和價值觀念相融合。大家可以想想，如果連主管都不重視組織文化，本身也不去認真踐行，那還有什麼立場要求員工認真貫徹呢？畢竟，關於組織文化的建設，不是透過幾次方案、開過幾次討論會就能敲定的。所以，主管一定要發揮自身作用，用人

格魅力和初始風格來打動員工。（如圖 10-2 所示）主管要透過企業管理者的示範作用，讓員工逐漸認可企業的文化和價值觀，從而形成一種自發行動的力量。」

圖 10-2 以身作則的管理者

花襯衫男子說道：「沒錯，以身作則是組織文化中非常重要的一點。而且，企業還要建立完善的薪資系統，讓所有員工都有加薪或升遷的希望，這也算是組織文化的一種吧？」

松下幸之助導師點點頭，說：「是啊，你說得沒錯。清晰、穩定的薪酬體系可以讓員工在工作時有安全感和歸屬感，從而促進提高員工工作效率。而當員工在當前階段的個人需求得到滿足之後，他們便會繼續按照薪酬體系的規定向著下一個階段努力，不斷提升自身能力水準，從而在客觀上推動企業的向前發展。所以，完善的薪酬和晉升體系是員工認同和接受企業文化的一個關鍵因素。」

「提到薪酬，就不能不提到獎懲制度了。」李彬也在一旁說道，「除了制定相應的薪酬獎勵制度之外，適當的規章制度規範也是必不可少的。如果不能做到有章可循，那員工就會覺得這家企業就是鬧著玩的，他們也不會對規章制度產生敬畏之心。」

松下幸之助導師笑著說道：「是啊，中國有句話在日本也很流行，叫『無規矩不成方圓』。企業規章可以讓員工從一進公司大門起，就在工作和行為上自覺受到制約，這樣才能讓企業的發展趨於穩定。只有建立一整套規範的法規管理制度，將組織文化融入其中，告訴員工什麼是組織文化所鼓勵的，什麼是組織文化所反對的，這樣員工才能知道什麼是能做的，什麼是不能做的。在遵循制度的過程中，員工能加深對組織文化的理解和認可。」

「松下電器是全球出了名的大公司，也是組織文化最為優秀的公司之一，您為我們講講松下電器的經營之道吧！」「鬍渣男」迫不及待地說道。

松下幸之助導師笑瞇瞇地回應道：「當然可以，不過，這就說來話長了——」

第二節　松下電器的經營之道

「大家知道，松下電器是全球最大的電器公司。」松下幸之助導師謙和地對大家點了點頭，說道，「長期以來，我們一直將『提高人們的生活品質和為世界文化做貢獻』作為松下的組織文化。在這種氛圍中，我們的產品才能走向世界，才能獲得國際社會的高度評價。」

　　一位男生顯然是松下幸之助的「粉絲」，他聽得頻頻點頭，然後說道：「您說得太對了，而且您本身就是很注重社會貢獻的管理者。我之前讀過您『吃牛排』的故事，感觸頗深。」

　　松下幸之助導師很謙和地擺了擺手，說：「啊，這不是什麼了不得的事情，不知道為什麼大家都如此盛讚，我只是做了我認為對的事。（如圖10-3 所示）」

圖 10-3 管理者要有人性

　　同學們紛紛起鬨，請松下幸之助導師說說當時的情況。顯然，現場有不少同學並未聽說過這件事。

　　見大家如此要求，松下幸之助導師只好開口道：「有一次，我在某家餐廳招待客人，因為那家的牛排不錯，所以我們六個人都點了牛排。等大家吃完後，我還剩下一半沒有動。於是，我就讓助理把烹調牛排的主廚請了過來。當時，我對助理說『不要叫經理，直接把主廚叫來就好』。」

「啊？是牛排不合您口味嗎？」「您是要把他叫來訓斥一頓嗎？」同學們紛紛猜測道。

「並非如此，不過，顯然那位主廚也是這麼想的，因為他來的時候，神色顯得相當不安。」松下幸之助導師往右邊側了側頭回憶道，「當時，他不安地問我『是不是牛排有問題？』我看出了他的緊張，於是和緩地對他說『烹調牛排，對你來說已經不是問題，所以我對你的手藝是非常肯定的。但是，如你所見，我已經 80 歲了』。聽完這句話，他一時沒有反應過來。所以我只好直白地說道『我的胃口大不如前，所以吃不下一整份牛排，這跟你的廚藝沒有關係。我擔心你看到只吃了一半的牛排會難過，所以特意跟你面談。』」

一位女生立刻說道：「噢！這也太溫暖了，那位主廚一定覺得自己很受尊重！」

另一位男士也說道：「不止如此，跟您談生意的人，一定也會肯定與敬佩您的人格，從而促成你們的合作。」

「是啊，我把這件小事講出來的用意是什麼呢？就是讓各位未來的管理者都能明白，對他人的真誠與關懷，往往比任何禮物都要有效果。如果能對下屬員工傳達自己的關心，那他們也會心甘情願地為公司作出貢獻。」松下幸之助導師和緩地說道。

穿花襯衫的男子說道：「是啊，如果主管滿腦子只想著壓榨員工，員工肯定也會滿腦子想著怎麼偷奸耍滑，這樣的組織氛圍必然是消極落後的。如果主管能對員工予以關懷和溫情，那員工的工作才能充滿熱情。畢竟人與人之間的關係是相當微妙的，員工不是機器，所以用管理機器的辦法去管人，那肯定是行不通的。」

「噢，這個比喻太妙了，」松下幸之助導師笑著說道，「我很喜歡。所

以，組織必須要制定出以人為本的相關規則，而這些規則又要以管理學的組織原則作為依託。」

「松下電器的經營之道是我最想學習的，尤其是貴公司的組織規則，」一位皮膚較黑的女士迫不及待地說道，「還請您說得詳細些。」

松下幸之助導師微笑著說道：「1930 年代之後，英國著名管理學家尤威克（F‧Urwick）將穆尼、法約爾和泰勒等人的組織理論進行綜合，提出了適用於一切組織的八項原則。」

他轉身在黑板上寫了八行字 ——

- **目標原則**：所有的組織都應該表現出一個目標。
- **相符原則**：權力和組織必須要相符合。
- **職責原則**：上級對直屬下級的職責是絕對的。
- **組織階層原則**：從管理者到底層員工都要形成明確的權力系統。
- **控制廣度原則**：每一個上級所管轄和連繫的下級不超過六人。
- **專業化原則**：每個人的工作都應被限制為單一職能。
- **協調原則**：組織的目的是協調一致地工作。
- **明確性原則**：對每項職務都要有明確的規定。

「這，感覺是很古老的原則理論了。」杜偉男皺著眉頭說道。

松下幸之助導師笑著說道：「是啊，但這是組織原則的基礎。我所經營的松下電器，就是根據這八個原則制定了新的具體規則。雖說是新規則，但企業組織規則的制定所需要注重的核心內容並沒有改變。我嘗試著總結了一下，希望對你們有所幫助。」

說著，松下幸之助導師又列出了六個現代企業的組織原則 ——

- **統一指揮原則**：任何下級都不應該受到一個以上的上級的直接領導。

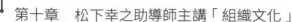

- **專業分工協作原則**：組織內的各項活動都應被明確劃分，並組成專業化群體。
- **分權原則**：管理者不應陷入例行的瑣事之中，應該將權限適當分散下放。
- **等級原則**：組織內應該嚴格劃分等級，同時要做到權責分明。
- **適度管理幅度原則**：根據不同管理者的具體情況，安排直接管理的下屬人數。
- **彈性結構原則**：組織的部門結構、人員職責等應該是可以及時更換和調整的。

「我所經營的松下企業，就是遵循這些組織設定原則的。」松下幸之助導師補充道，「而且，我在設定上述組織原則外，還會讓員工們都參與進來，共同制定符合自身發展的組織規則。我想，由他們自己制定的規則，他們也更能遵守吧。」

「是啊，您說得對。如果是我參與到組織規則的制定中，那我一定很用心地遵守規則。」「鬍渣男」感慨道，「松下電器的員工向心力都很強，這也跟組織文化分不開吧？」

「你說得沒錯。」松下幸之助導師說道，「但是，我們在選拔員工時也是很嚴格的，目的就是避免出現神田三郎那樣的悲劇。」

「什麼『神田三郎的悲劇』？」大家的好奇心都被吊起來了。

只見松下幸之助導師嘆了口氣，緩緩說道：「這件事，唉，說起來真的是……」

第三節　神田三郎的悲劇

松下幸之助導師在嘆息後，講了一個故事。

當時，松下電器打算在日本應徵一批銷售人員，應徵考試由筆試和麵試兩部分組成。那次的應徵職位只有十個名額，但報名的人數卻非常多。可想而知，競爭是非常激烈的。經過層層篩選，松下電器選出了幾名優勝者。作為創始人的松下幸之助導師也親自看了看這些入選人的名單。

可是，讓他意外的是一個叫神田三郎的年輕人竟然沒有入選。要知道，這個年輕人的表現很優秀，也給松下幸之助導師留下了深刻印象。

所以，他立刻吩咐經理，去複查一下考試分數的統計情況。經過複核，松下幸之助導師發現神田三郎的成績相當不錯，只是電腦出了問題，導致神田三郎的成績與另一個面試者混淆了，這才沒能入選。

松下幸之助導師聽了經理的報告，立刻吩咐他儘快給這個叫神田三郎的年輕人發放錄取通知書。可是，第二天負責這件事的經理卻告訴松下幸之助導師，由於沒能接到松下電器的錄取通知書，神田三郎竟然選擇跳樓自殺了。

經理在一旁惋惜道：「真可惜，這是個有才華的年輕人，我們竟然沒有錄用他。」

可是，松下幸之助導師卻搖了搖頭，說：「不，我跟你想的正好相反，還好我們公司沒有錄用他！這樣的人心理太脆弱，也沒有面對失敗的勇氣，還怎麼去做銷售？」

聽完這個故事，大家都沉默了。

是啊，如果連面對失敗的勇氣都沒有，又怎能成就大事業呢？

松下幸之助導師說道：「同學們，對神田三郎先生的悲劇，我表示很

抱歉,但我仍舊慶幸他沒有入職。雖然我們會盡全力來培養人才,但對員工的性格我們還是要進行甄別的。之前康芒斯導師跟你們講過人才選拔了吧,一定要發掘那些適合公司的人再進行培養。」

同學們紛紛點頭,杜偉男說道:「看來,為了避免像神田三郎這樣的悲劇發生,在選擇員工的環節就要注意他們與企業的契合程度。(如圖10-4 所示)不然,就算這位員工再優秀,再有才華,都不能成為公司的中流砥柱,因為他們的價值觀跟組織文化是相悖的。」

圖 10-4 選拔人才要慎重

松下幸之助導師說道:「是的,你說得很對。要知道,我們松下電器不僅僅是靠我營運,也不僅僅是靠經理營運,更不僅僅只靠監管者營運,而是依靠全體員工營運的,『集中智慧的全員經營』就是我的經營方針。所以,我們更要加強員工的選拔與培訓,也要制定長期的人才培養計劃,力求讓工的思想與組織文化同步。」

穿花襯衫的男士說道:「您說得對,讓員工參與決策的制定,這是我

非常喜歡的組織文化氛圍。透過讓員工制定決策，我們可以看出員工是否不滿意這項紀律，由此產生厭惡情緒。不合理的企業紀律會導致員工積極性降低，出現紀律渙散的情況。」

「是啊，關於這一點，我也表示贊同。」穿紅西裝的女士說道，「在制定紀律時，應該在一定程度上徵求員工的意見，在絕大多數員工不認同這項紀律的情況下，如果要將它強行推行下去，就會遭到員工的抵制，從而產生消極的影響。」

松下幸之助導師微笑著說道：「而且，我們還要考慮制定的紀律是否覆蓋了所有員工，員工是否深刻意識到了這項紀律的重要性。制定紀律時，也要將管理者納入紀律約束範圍之內。在執行紀律時，管理者以身作則，往往能夠造成更好的作用。此外，讓員工認識到紀律的重要性，了解違反紀律的後果，幫助員工建立獎懲意識和紀律觀念，這樣能夠更好地保證企業紀律的施行。」

「鬍渣男」點了點頭，說：「不錯，企業紀律是規範員工行為的重要保障。紀律並不是對員工的一味約束，員工違反紀律會受到懲罰，遵守紀律也應該獲得一定的獎勵。只有這樣，員工才能夠心甘情願地去遵守紀律，在紀律的指導下，發揮自己的主觀能動性。」

穿花襯衫的男子也在一旁說道：「我之前研究過鬆下電器的管理模式，發現貴公司光是綜合性研究所就有五個，分別是關西地區員工研修所、奈良員工研修所、東京員工研修所、宇都宮員工研修所和海外研修所。看來，貴公司是真的做到以人為本了。」

「是的，與其說我們是製造電器的公司，不如說我們是製造人才的公司。」松下幸之助導師說道，「畢竟，我們組織文化的要點之一就是『沒有人就沒有企業』。」

「那麼，為了適應市場的不斷發展，貴公司制定了什麼可行辦法嗎？」穿紅西裝的女士問道。

「當然。」松下幸之助導師說道，「我們人事部門特別規定了四點制度，專門用來培養人、團結人、管理人，我們可以一起來看一下。」

「首先，就是自己申請制度。」松下幸之助導師說道，「我們公司的員工，在工作一段時間後，就可以主動向人事部門申請職位調動。收到申請後，只要他們透過考核就可以獲得調動。同理，升遷也可以主動向人事部門提交申請。」

「哇，這太棒了。」一個胖乎乎的男生說道。

松下幸之助導師笑著說道：「是啊，還有就是社內應徵制度。每當職位出現空缺時，員工就可以獲得內部應徵的機會。我不贊成論資排輩，在我看來，只要考核合格，就可以成為社內幹部。」

「再有就是社內留學制度，這也是我個人比較看重的制度。」松下幸之助導師說道，「只要經過公司的批准，技術人員就可以提交申請，申請到公司承辦的學校或教育中心接受培訓。公司也會根據實際需要，選拔一批專業人才去學習相關的知識技能。」

大家聽得頻頻點頭，松下幸之助導師繼續說道：「最後就是海外留學制度，這算是社內留學制度的延伸和拓展。正如大家所見，松下電器是一家國際公司，所以，我們會定期選拔技術人員和管理人員到國外進行學習。我們也向中國輸出了很多留學生，你們著名的學府 —— 清華大學和北京大學裡都有松下電器公司的留學生。」

「噢，怪不得松下電器的員工大多都年紀輕輕卻會多門語言，且非常熟悉資本主義和社會主義企業的管理，原來就是因為留學制度啊。」一位女生感慨道。

　　「是的，而且我們公司還非常注重員工本身的競爭精神。要知道，一味體貼是有害無利的，員工也需要一種競爭的組織文化氛圍。如果他們沒有一個強烈的想競爭的願望，那也是不可能被我們公司留下的，」松下幸之助導師笑瞇瞇地說道，「畢竟在人性關懷之餘，我們做公司的，要考慮的還是『吃』和『被吃』的問題。」

第四節　「吃」和「被吃」

　　「什麼是『吃』和『被吃』的問題啊？」一位女生驚恐地說道，怎麼管理學還跟「吃人」有關係了呢？

　　松下幸之助導師趕快說道：「競爭嘛，總是大魚吃小魚、小魚吃蝦米的，這只是一個比喻。（如圖 10-5 所示）你不覺得，這個說法更容易讓人振奮起來嗎？」

圖 10-5 「吃」和「被吃」的問題

女生點了點頭，說：「那倒是，您能仔細說說這個『吃』和『被吃』的問題嗎？」

松下導師微笑著給同學們講了一個故事。

當時，日本松下電器公司打算從三位員工中挑選一個能力最強的做市場策劃。於是，公司便對三人展開了工作前的「魔鬼考核」。所謂「魔鬼考核」，就是將三人送往廣島，用 2,000 日元的生活費過 1 天。

跟大家說明一下當時日本的物價：一罐烏龍茶和一杯泡麵的價格大概是 450 日元，一罐可樂價格大概是 250 日元，最便宜的旅館一夜住宿費正好是 2,000 日元。也就是說，三人手中的錢是絕對不夠生活一天的，除非他們不吃不喝或露宿大街。

為了更好地激發三人潛能，公司做了特殊要求，就是不准他們聯手合作，他們也不能透過給他人工作的方式賺錢。這就讓「魔鬼考核」變得相當困難了。

第一位員工非常聰明，他花了 2,000 日元買了把破吉他和一副墨鏡，來到廣島最繁華的地段，假裝盲人賣藝賺錢。當時，新幹線售票大廳人頭攢動，沒過多久，這位員工的琴盒裡就裝滿了鈔票。

第二位員工也很聰明，他花 500 日元買了個大箱子，又精心裝飾了一番，然後在上面寫了一行字 —— 紀念廣島原子彈災難 40 週年暨加快廣島建設募捐箱。他又用剩下的 1,500 日元雇了兩個學生，三人一起在廣場上宣傳起來。還沒到中午，他的募捐箱就已經滿了，他趕快又去商店做了一個更大的募捐箱。

第三位員工看起來就沒那麼聰明了，因為他剛到廣島就鑽進一家餐館，用 1,500 日元開心地吃了頓套餐，又找了個陽光相當不錯的公園小憩了一會兒。然後，他便起身決定去兩位員工所在的廣場上「蹓躂蹓躂」。

　　廣島的廣場真熱鬧啊，兩位員工的生意也異常興旺。一天下來，兩個人都賺了個盆滿缽盈，不分伯仲。可是天有不測風雲，突然，一位戴著袖標和胸卡的「稽查人員」來到廣場。他沒收了「盲人」和「募捐者」的所有錢財，順便收繳了他們的身分證，揚言「我要以欺詐民眾罪起訴你們，請你們回去等著吧！」

　　就這樣，前兩個員工身上一分錢也沒有了，連身分證也沒有了，他們只能想方設法地回到公司。沒想到，他們剛到公司，就看到松下公司國際市場行銷部課長宮地孝滿和那位「稽查人員」坐在一起。

　　原來，這位「稽查人員」就是第三位員工！

　　他只用了 500 日元買了胸卡和袖標，就從前兩位員工手裡「吃掉」了所有的錢。

　　這時，宮地孝滿課長嚴肅地說道：「企業要生存發展，要獲得豐厚的利潤，不僅僅要會『吃』市場，最重要的是懂得怎樣『吃』掉市場的人。」

　　故事講完了，大家不由得面面相覷。哇，這都可以？

　　松下幸之助導師咯咯笑了，說：「我們都知道，機會是通往成功的金鑰匙。我們只有把握每次機會，才能在競爭中鍛鍊自己。」

　　原來，松下的員工都是在這樣的組織文化中「瘋狂成長」起來的，也難怪松下公司能發展成全球性的企業了。

　　這時，松下幸之助導師說道：「各位，一個企業想要獲得更好的發展，除了要注重企業的硬體設施建設之外，還需要關注一些『軟體』內容 —— 也就是我們這節課所講的組織文化。一個企業中，只有當全體員工都擁有共同的願景時，這個企業才能夠獲得最大的發展力量。團隊願景是管理者對企業發展前景和方向的高度概括，同時也是統一員工思想和行

動的重要武器。因為團隊願景的存在，使員工能夠了解到企業未來的發展遠景，找到明確的奮鬥目標和努力方向。」

杜偉男對這句話深表贊同，確實，組織文化就像一艘航船，如果不確定一個方向，就會在大海中漫無目的地漂泊。沒有終點，最終只能被狂風巨浪所吞沒。但如果能夠擁有一個明確的方向，那麼船上的所有人就會共同朝著一個方向努力，克服狂風巨浪，堅定地朝著終點前進。

「可是，松下幸之助導師，」穿紅西裝的女士沉吟了一下說道，「這個組織文化可大可小，個人願景與企業願景也很難協調，我們應該如何設定呢？」

松下幸之助導師笑瞇瞇地說道：「首先，我們可以將組織文化進行分類，如分成團隊文化、個人願景等。個人願景範圍最小，卻是最基本的願景。個人願景決定著其他願景的發展，它是團隊願景的重要部分，影響著整個團隊的願景。所以，我們要做的，就是先把個人願景提升上來，將個人願景中的精華部分放大。」

「其次，我們要設置不同階段的組織文化。比如剛起步時是『團結穩定』，之後是『競爭』，等等。」松下幸之助導師認真地說道，「如果組織文化設置得太遠太空泛，員工就會覺得組織文化不切實際，也會覺得這個公司不可靠。相反，一些簡單目標和短期目標更能讓員工煥發熱情。同時，員工還會將短期目標和個人目標結合在一起，更好地向目標努力。」

大家聽得頻頻點頭，松下幸之助導師繼續說道：「最後，我們要將組織文化與績效掛鉤。想要最大程度地調動員工的積極性，光靠共同的組織文化是不夠的。只有將員工的工作收益和組織文化結合在一起，才能夠保障企業願景更好地實現。組織文化與員工的個人願景契合度越高，員工努力的方向就會越正確，同時員工能夠獲得的回報也就會越多。」

　　杜偉男說道：「是啊，只有讓員工和企業形成『一股繩』，才能幫助企業真正發展。」

　　松下幸之助導師點了點頭，而後對著大家深深鞠了一躬，說：「好了，親愛的各位，今天的課程就到這裡了。大家，晚安！」

　　同學們紛紛鼓掌，送別了這位可愛的日本管理學家。

第十一章
亨利 · 明茲伯格導師主講「經理人價值」

本章透過四個小節，講解了亨利‧明茲伯格的經理人價值管理理論的
要點。在亨利‧明茲伯格看來，經理人是最能影響企業風氣、效率和
管理的職位。經理人的重要性不必多言，但他們的劣勢卻不明顯。
為了幫助讀者更好地理解亨利‧明茲伯格的經理人管理學，作者將亨
利‧明茲伯格的觀點熟練掌握後，以幽默詼諧的方式和通俗易懂的語
言文字呈現給讀者。對經理人價值方面感興趣的讀者，本章是不可錯
過的部分。

亨利‧明茲伯格

　　（Henry Mintzberg, 1939 年至今），世界管理學大師，在全球管理界享有盛譽，經理角色學派的主要代表人物。在國際管理界，加拿大的管理學家亨利‧明茲伯格的角色無疑是叛逆者。作為「管理領域偉大的離經叛道者」，明茲伯格顯然是個非常引人注目的人物。他是一位最具原創性的管理大師，也是經理角色學派的主要代表人物。

第一節　優秀經理人都要扮演什麼角色？

　　上完松下幸之助導師的課程後，李、杜二人便對銀河公司的組織文化進行了整頓。從前，銀河公司的組織文化基本只停留在口號上，但這次，李、杜二人根據組織文化加大了獎懲制度，徹底把組織文化與企業管理結合在了一起。

　　這天又到了上管理課的時候，李彬早早約了髮型師做了個髮型，而後一邊哼著歌，一邊等著下班。杜偉男看他這個樣子，知道他肯定約了紀天敬一起去上課，於是故意說道：「唉，某個人今天不跟我一起上課啊？要跟……嗯？一起去？」

　　李彬老臉一紅，說：「去去去，別瞎鬧。對了，說正事，我們公司雖然加大了組織文化方面的管理力道，但有幾個高階主管卻不能以身作則，讓我有些煩躁。」

　　杜偉男滿不在乎地說道：「哪幾個啊？高階主管的工作壽命都短，不行就開除了再招啊。」

　　李彬說了幾個名字，杜偉男聽了眉頭也一皺，說道：「什麼啊，這幾

個人業績很好啊，能力也非常突出，開除了有點可惜。」

李彬點點頭，說：「是呢，希望他們能爭氣一點吧。不說了，來不及了，我要去接敬敬了，你自己去吧。」

杜偉男一撇嘴，一臉黑線地給祕書打了個電話：「喂，五點半在停車場等我，去 R 大……對，沒有李總，就我自己。」

到了禮堂，李彬和紀天敬已經找到一處座位坐下了，二人向杜偉男揮揮手。

剛剛坐定，講臺上就上來一位很像諧星的中年西方男子，他笑呵呵的樣子很有喜感，但是眼神中卻又透露出了睿智。

「噢！看哪，他是個光頭。」一個男生小聲說道。

「不，他只是髮際線高。」另一個女生輕聲否定。

李彬下意識地摸了摸自己的頭髮，又看了看旁邊的紀天敬，心道：「哎，自己天天這麼用腦，希望不要中年脫髮才好。」

「嘿，各位，晚安啊。」這位導師樂呵呵地說道，「我叫亨利·明茲伯格，是各位今日的管理學導師！」

「您好，亨利導師，我知道您，您在經理人價值方面很有研究！」一位男生說道。

「那太好了。」杜偉男忍不住說道，「最近有幾個經理人，讓我覺得很苦惱。」

亨利導師笑著說道：「經理人嘛，如果不能發揮出高價值，那我們又何必高薪聘請他們呢？所以，我們一定要明確，一個優秀經理人扮演的十種角色。（如圖 11-1 所示）」

一個優秀經理人扮演的十種角色，這十種角色又可以歸納為三大類——人際角色、資訊角色和決策角色。

圖 11-1 優秀經理人要扮演的角色

　　亨利導師在黑板上寫了三組詞：「而這十種角色又可以歸納為三大類——人際角色、資訊角色和決策角色。我們先來看人際角色，人際角色就是經理人手中的權力基礎，也是他們的責任基礎。經理人處理組織與成員間的問題，就等於他們在扮演人際角色。優秀經理人需要扮演的人際角色有三種：代表人角色、領導者角色和聯絡者角色。」

　　「所謂『代表人角色』，就是經理人要產生『企業代表』的作用。」亨利導師繼續說道，「你們看，經理人有時會代表企業參加社會活動、宴請客戶、出席集會等，在如此做時，就代表他們正在扮演『代表人角色』。所謂『領導者角色』，就是他們要領導自己的部門或團隊，同時對自己帶領的部門或團隊負責，這樣才能保證組織目標的實現。所謂『聯絡者角色』，就是經理人要產生『承上啟下』的作用。優秀的經理人能在組織內外產生一個聯絡者的作用，同時能建立起完善的聯絡關係網。」

　　大家聽得頻頻點頭，杜偉男迫不及待道：「那，第二個——資訊角色是指什麼呢？」

　　亨利導師樂呵呵地說道：「這個資訊角色嘛，就是經理人要確保跟自

己一起工作的人能獲得充足的資訊，不能因為資訊傳遞不及時而導致工作拖沓。大家應該都知道，經理人相當於企業的資訊傳遞中心。老闆要把資訊傳達給員工，就得透過一批批的經理人傳達。所以，作為整個組織的資訊傳遞管道，經理人必須要扮演好資訊角色。」

杜偉男點點頭，他前面的一位女士說道：「那，資訊角色又具體包含哪些角色呢？」

亨利導師愉快地說道：「資訊角色，具體包括監督者角色、傳播者角色和發言人角色三種。我們先看『監督者角色』，大家都知道經理人需要時刻關注企業內外部的資訊，這樣才能及時發現機遇和威脅。所以，這個監督者要做的是資訊把關，而不是簡單地監督員工。所謂『傳播者角色』呢，就是經理人要將手中的資訊有針對性地散發出去。『發言人角色』也比較好理解，就是經理人需要將組織希望告訴大家的資訊宣布出去。」

「最後就是『決策角色』了，『決策角色』聽上去就很厲害啊。」一位男生說道。

亨利導師哈哈大笑道：「是啊，畢竟很多人都是為了做決策者才拚命想當經理人的！但是，這個『決策』指的是經理人要學會對獲得的資訊進行歸類選擇，它具體包括企業家角色、干擾對付者角色、資源分配者角色和談判者角色這四種。」

「『企業家角色』聽上去就很高級，其意義是讓經理人學會從企業家的角度看問題。」亨利導師笑瞇瞇地說道，「『干擾對付者角色』，指的是經理人要學會平息客戶怒火、平息員工紛爭、與不合作的供應商進行談判等。所謂『資源分配者角色』，指的是經理人要明白企業的資源應該用在哪些部分。『談判者角色』就好理解了，而經理人的談判對象有客戶、供應商、合作商、員工和其他經理人等。」

杜偉男點點頭，說：「可惜，很多經理人都滿優秀的，就是不知道自己應該做的是什麼。我這裡就有很多嚴肅的經理人，在他們的眼裡，管理是一件非常神聖的事情，如果不能夠嚴肅地對待，就會失去領導者的權威；在他們的眼裡，領導和員工之間的關係就是『下達命令』和『執行』的關係。」

　　亨利導師也一攤手，說：「是啊，這樣的經理人總讓人覺得他們高高在上，其實這種做法對管理並無效果。在現代企業的管理理念當中，透過簡單的行政命令來解決問題不是一種被推崇的手段。隨著時代的變化，現在的企業員工更加推崇的是個性，如果管理他們仍然採用透過下達各種命令的方式來完成，那麼就會引起員工產生反感、厭惡甚至是牴觸的情緒，久而久之就會激化企業內部的矛盾，（如圖 11-2 所示）這就會讓管理者們十分頭痛。」

圖 11-2 經理人如何與員工相處

杜偉男說道：「是的，這樣的經理人雖然個人能力很強，但給人的感覺就像公司請了一尊佛來坐鎮。可能他們帶來的心理上的作用反而大於實際效果。」

亨利導師哈哈大笑道：「是啊，這樣的經理人要不得，但還有一種經理人也要不得，那就是『英雄』式的經理人。」

第二節　「英雄」式的經理人要不得

「英雄」式的經理人怎麼要不得了？「英雄」難道不好嗎？

亨利導師的話一出口，同學們立刻面面相覷起來。

看著大家疑惑的樣子，亨利導師笑著說道：「我們在座的各位有老闆，有經理人，也有基層的員工和學生。相信各位常說或常聽的話之一，就是『不要讓自己閒下來』，對嗎？」

嗯，這倒是。杜偉男和李彬都點了點頭。做企業嘛，忙點總比閒著好吧？

「但是！對於經理人來說，」亨利導師佯裝嚴厲道，「太忙碌的卻不一定是個好經理人！」

紀天敬好像有點明白亨利導師的意思了，說：「您是說，『英雄』式的經理人就是單打獨鬥，什麼都往自己身上攬的經理人，對嗎？」

亨利導師立刻說道：「對！孩子，你說得沒錯。經理人明明應當把主要的精力放在關係大局的領域，這部分領域通常具體工作都很少，但會產生傑出的成果。但他們卻把自己當成了員工，事無巨細都要大包大攬，結果不但做不好經理人的工作，反而會把自己累死。（如圖 11-3 所示）」

　　「是了，法約爾導師也用諸葛亮的例子告訴過我們，領導人要學會下放權力。」一位女生怯怯地說道。

　　亨利導師立刻說道：「對，沒錯，經理人也同樣需要下放權力。經理人的管理藝術是『忙碌』嗎？不，應是『有條不紊』！優秀的管理者懂得給自己定下需要優先考慮的重點內容，並依照重點優先原則進行管理。他們會把瑣碎繁雜的小事交給下屬完成，自己只需學會用人、懂得用人即可！」

圖 11-3 經理人不能「逞英雄」

　　「一些大企業的經理人需要學會用人，小企業也要學會用人嗎？」一位看上去很疲憊的男士說道，「我公司剛起步，加上我一共才十個人，我是又當老闆又當員工，覺得快要累死了。但我們公司一共才這麼小，我怎麼能做到『有條不紊』呢？」

　　亨利導師大手一揮，道：「那是你做事不分主次吧？卓越的管理者，總會恪守『要事為先』的原則。因此，不管他們的公司是價值數十億、數

百億美元的大財團，還是一些小公司甚至小團隊，他們都懂得應該如何用人、如何經營。相反，有些管理者不懂得優先次序，也不懂得知人善任，就只會把自己活活累死。你不信，我給你總結一下你很忙碌的原因，你看看我說得對不對。」

男士疲憊地點了點頭，表示願意洗耳恭聽。

亨利導師說道：「第一，你以為取得成就的形式就是忙碌，認為忙碌就等於是生產力；第二，你一直在忙手中的工作，沒有對工作優先次序進行規劃，甚至不知道下一步要做什麼，沒有一個全局性的視角；第三，你想做一個『實幹家』，不懂如何發號施令。你看這三點我說得對不對？」

男士有些瞠目結舌地說道：「您說得太對了，就像在一旁監視我的工作一樣。看來，真是我的領導方式出了問題。」

亨利導師說道：「你們都知道著名的帕雷托法則吧——經理人需要在所有任務中，把時間和精力集中在最重要的 20% 的事情上，如此一來，管理者就可以獲得 80% 的回報甚至更多；如果管理者把時間和精力，都浪費在 80% 的瑣碎繁雜的小事上，就只能收穫 20% 的回報甚至更少。」

男士瞇著眼睛急迫地說道：「那麼，我應該，哦不，經理人應該如何進行管理工作，才能用 20% 的時間做好 80% 的工作呢？」

亨利導師看著一臉期待的大家，不急不緩地說道：「首先，經理人必須明確，什麼才是自己分內的事！在生活中，每個人都需要對重要的人士負責，比如我們的父母、子女及配偶。同樣，在工作中，每位管理者都應該向某位上司或者某個機構負責，比如老闆、股東和團隊。因此，管理者的『優先次序表』，就是以你必須親自做的事情為主，其他瑣碎小事，你需要交給下屬，因為這是他們的分內之事。如果經理人正在做一些根本沒必要親自去做的事時，就要學會停下來，反思一下為什麼這件事落到了你

頭上。至於那些必須親自去做卻不用非要本人出面的事，經理人也要學會對員工授權，選個員工代表也是很重要的嘛。」

「還有呢，還有呢？」男士彷彿一掃疲憊，一邊問，一邊瞪著眼睛在本子上拚命地記著筆記。

「別急，其次，經理人需要明確，什麼才能帶來最大的效益。」亨利導師說道，「作為一名經理人，應當把絕大部分時間都用在最擅長的領域。如果經理人做的工作，正好是自己擅長的領域，那他們就會更有效率地完成工作，同時會獲得更高的滿足感。在理想情況下，經理人應該走出那些讓他們感到舒適的領域，轉而投向讓他們能發揮優勢的領域。同樣，經理人也應當做到知人善任，把員工恰到好處地安排在符合他們優勢與能力的職位上。如果有些員工能將管理者的工作都做到八九不離十的程度，那經理人也可以考慮適當下放權力，把不必親自完成的工作交給他們一些。」

「最後的一點，也是最重要的一點——經理人需要確立，做什麼才能帶來最大的回報。」亨利導師說道，「經理人應該懂得，忙碌不一定等於成就。如果管理者想要持續發展，實現自己的目標，就必須按照『要事為先』的原則做事。在企業中，忙碌的員工或許是好員工，但忙碌的經理人卻不一定是優秀的經理人。」

「那，如果我多聘請幾個經理人幫我分擔工作，您覺得怎麼樣？」男士詢問道。

誰知，亨利導師卻搖了搖頭，說：「哎，過猶不及的道理你懂不懂？如果經理人太多，每個人分到的責任就會過少，到時候管理也就變得鬆散了！」

「啊？怎麼會這樣呢？經理多了，為什麼管理反而少了呢？」男士一臉懵懂地看著亨利導師問道。

亨利導師一攤手：「咳，好吧，我就來給你具體講解一下吧。反正，這也是我接下來要講的內容之一。對了，你們都喜歡吃『麥當勞』嗎？」

第三節　經理太多，管理太少

聽到亨利導師這麼問，大家都是一愣。談著經理人呢，怎麼又跟麥當勞扯上關係了？

一位女士小聲嘀咕道：「真不愧是『管理領域偉大的離經叛道者』，這思維跳躍得，我是真的跟不上。」

只見亨利導師興沖沖地說道：「麥當勞吉士牛肉漢堡裡的酸黃瓜，真是……哦，跑題了，我想說的不是麥當勞的炸雞和漢堡，而是『麥當勞之父』 —— 克洛克。這個老傢伙是真的厲害啊，在幾十年前，他不過是芝加哥一個名不見經傳的紙杯和乳精機械製造商，可現在卻是名副其實的『麥當勞帝國的國王』。我要說的，就是克洛克與經理人的故事。」

說著，亨利導師為大家講了克洛克在創立麥當勞時期的故事。

原來，創業時期的克洛克不像別的老闆那樣喜歡坐在辦公室發號施令，而是把六成以上的時間都用在「走動管理」上了。克洛克認為，只有透過實地去往各公司、各部門進行考察，才會發現很多問題，然後及時解決問題。

克洛克的麥當勞帝國遇到過這樣一個階段：當時，公司面臨嚴重的財務虧損。經調查，克洛克發現根源竟來自公司各部門的經理。早期的麥當勞跟其他大部分企業一樣，官僚主義作風嚴重。經理們喜歡舒舒服服地靠在椅背上，對員工和問題指手畫腳。（如圖 11-4 所示）他們坐在椅子上，根本看不到問題的根源，只能把時間都浪費在空談和相互推諉上。

圖 11-4 經理太多，管理太少

　　克洛克為此寢食難安，他認為，要想改變麥當勞的局面，光靠幾次訓話和懲罰是解絕不了問題的。為了徹底改掉經理們的懶惰作風，克洛克想出了一個奇招：他給各地的麥當勞速食店發出了一份指示 —— 把所有經理的椅背鋸掉，立即執行。

　　所有的人都疑惑不解，他們不知道總裁的用意何在。但面對嚴厲強硬的命令，經理們只好依章照辦。他們坐在沒有了靠背的椅子上，覺得十分不舒服，不得不經常站起來四處走動。於是，經理們才領悟出了克洛克的苦心。終於，麥當勞的經理們紛紛走出辦公室，跟克洛克一樣深入基層，進行「走動管理」。經理們的行為影響和帶動了全體員工，讓企業在短時

間內就轉變了形勢，扭虧為盈。靠著這祕訣，克洛克不僅解決了麥當勞公司的財務問題，還把麥當勞打造成了全球 500 強的企業之一。

「各位，你們看哪，克洛克把椅背鋸掉了，經理們惰性的溫床也就消失了，人的活力和創造力都被激發出來，企業的效益也就扶搖直上了。」亨利導師讚嘆道，「這種良性循環的規律，也同樣適用於其他領域，尤其是人生奮鬥方面。如果一個企業的經理人太多，那他們就容易相互推諉責任，也讓他們的意志懈怠消沉。與其『請佛』來公司，還不如讓他們直起腰、邁開腿，這樣才能讓經理人發揮真正的作用。所以，各個企業，尤其是正在奮鬥期和上升期的中小企業，應該少聘經理人，聘好經理人，這樣才能不讓他們把公司搞垮。」

「那，我們怎樣讓經理人發揮自己的管理作用呢？」杜偉男皺著眉頭問道。

亨利導師說道：「哎，這個容易，最基礎的管理措施就是獎懲制度囉。但是，在獎懲制度的基礎上，你要讓對方知道你是言出必行的。比如你抓到一名經理人上班時間打遊戲，這時，你要平靜地告訴他『你難道不知道上班期間不允許打遊戲嗎？下次再讓我看見，我就要對你進行降級處理了。』如果他停止這種行為，那就最好不過了；如果他沒有停止這種行為，再被你發現，你就要真的對他進行降級處理，這樣才能給公司造成警示作用，也能讓大家明白——你是言出必行的。」

「也就是說，我們要讓制度真正生效，而不是讓它形同虛設。」杜偉男在一旁總結道。

「不錯。」亨利導師說道，「還有，就是要培養經理人的自覺性，讓他們能夠自主自發地為企業做貢獻。所謂的主動，並不是口頭上的主動，也不是行為上的主動，而是思想上的主動。有些企業的經理人在工作上也算

勤勞肯幹，但卻不能自覺地思考問題。遇到事情，他們只會推給上級或公司解決，這些行為都是沒有自覺意識的表現。而有些經理人，在上班時還是能考慮問題的，但一到了下班時間，就把工作上的事情全部拋開，這也不是積極主動的表現。」

「我覺得，我們公司的經理人就太冗雜了。」一位穿著 polo 衫的中年男子說道，「也許因為我是高階主管，公司經理人又比其他企業的更為冗雜，所以我經常能接觸到各種懶怠的員工。有一個年輕人讓我印象很深，他大學和研究所都就讀於前段班大學，畢業後，他以筆試、面試皆首位的成績進了我們企業。可是，一進我們企業後，他就開始懶懶散散、得過且過，這讓我非常失望。」

「恕我冒昧問一句，」亨利導師攤手說道，「你們公司的經理人冗雜到什麼地步？」

中年男子想了想，說道：「這麼說吧，以我們企業的人事部舉例，一共有兩個『一把手』、六個『二把手』，還有幾十個高階主管和一百多個主任。」

「我的天哪，」亨利導師苦笑道，「連『一把手』都有兩位，也難怪你們的管理不行了。就算他倆都是優秀管理者，那如果兩個人意見相左，大家又該聽誰的好呢？記住我的話吧，經理如果太多，那管理肯定會削弱的，此消彼長嘛。」

「那，經理人究竟要做些什麼呢？」一位小姐給出了「靈魂」發問。

亨利導師立刻說道：「咳咳，別急，關於這個問題，我們馬上就來談一談——」

第四節　經理人究竟要做些什麼？

「就像剛才這位小姐說的，其實，現在很多經理人都不知道自己該做些什麼。還有更過分的，他們都不知道自己現在正在做什麼。」亨利導師攤手說道，「就像我剛才說的，『英雄式』經理人要不得，太悠閒的經理人要不得，那麼，我們需要什麼樣的經理人呢？」

他把問題拋給了大家，讓大家自由發揮。

一位穿著黃 T 恤的男生說道：「在我看來嘛，這個經理人就像副駕駛。老闆是開車的，是握方向盤的，企業就是車。企業怎麼走，需要由『方向盤』決定，但經理人需要在一旁幫著看「地圖」，給『司機』遞瓶『水』遞根『菸』，偶爾跟『後座』的員工們交流交流，必要時替『司機』開一段。」

「哇哦，你這個比喻簡直太棒了，」亨利導師興奮地說道，「我很贊同。」

黃 T 恤男生不好意思地笑了笑，說：「現學現賣，我也是聽了您的課後，突然有感而發。」

亨利導師說道：「你說得不錯，優秀的經理人，不是非得做出一番驚天動地的大事才叫優秀。在管理中，平凡與平庸是絕對不能畫等號的，同樣，不平凡也不意味著卓越。企業管理不需要大起大落，也不需要驚濤駭浪，只要有條不紊地發展，透過煩瑣的事物，看到隱藏的本質即可。下面我就給大家講講四類常見的經理人類型。」

「這跟經理人角色衝突嗎？」一位女士皺著眉頭問道。

「當然不，」亨利導師說道，「你聽我往下講就明白了。」

說完，亨利導師寫了四種經理人類型：實用型經理人，創新派經理人，大管家經理人，「好好先生」經理人。

「我們先來看第一種 —— 實用型經理人。」亨利導師笑瞇瞇地說道，「實用型經理人對自己的要求很高，對工作的要求很高，對員工工作的要求也很高。當然，這並不意味著他們自己大包大攬。跟實用型經理人在一起，員工能成長得很快。而且這種嚴苛的管理理論，很適合能力強的經理人。但是，這類經理人需要知道，自己在管理過程中要做到嚴苛與親和並存。因為一些新生代員工可能並不適應嚴苛的管理方式，因此，這類主管的管理方式也不會給他們帶來成長。」

「那創新派經理人呢？」黃 T 恤男生急切地問道。

「創新派經理人彷彿一直活力滿滿，他覺得每位員工都有潛力，也希望團隊能跟自己一起成長。這類經理人不會設置太多限制，而會給員工充分的機會來表達自己的觀點。但是，這類經理人在管理過程中，會因為太過天馬行空，而導致員工無所適從。畢竟天才的思維，不是人人都能跟得上的。」亨利導師笑著說道。

「那大管家經理人呢？這個名字聽上去就老氣橫秋的。」一位女生說道。

「是啊，不錯，與創新派經理人相反，大管家經理人大概是企業中最沒有性格魅力的經理人了。」亨利導師攤手道，「但他們卻是企業裡的奠基石。這類經理人對規章制度相當講究，管理風格也是傳統型的。與這類經理人共事，員工會有很強的安全感。雖然這種經理人帶領的團隊的成功機率很高，但經理人也需要在管理過程中，多給員工製造一些個人閃光的機會。」

「『好好先生』經理人好像滿容易理解的，就是『和稀泥』的領導人？」另一位女士問道。

亨利導師搖了搖頭，說：「不能這麼說，『好好先生』類型的經理人，又被稱作『企業裡的外交官』。這類經理人對社交與團隊氛圍非常重視，他們就像把團隊黏合在一起的黏合劑，很容易就能將團隊糅合成一個整

體。在管理過程中，這類經理人需要給下屬多製造一些挑戰，雖然這會導致團隊中一些成員的不滿，卻能快速地提高員工能力。調查發現，這類經理人通常是傳統意義上員工滿意度最高的一類。」

杜偉男說道：「聽上去，這四類經理人都是各有各的特色啊。那經理人應該怎麼定位自己呢？或者說，經理人應該怎麼判斷自己該做些什麼呢？」

亨利導師一副罕見的嚴肅表情，說道：「首先，要了解自己為什麼而做。不管管理者是管理一個公司，還是管理一個團隊，從他們走上管理職位的那一刻起，『你為什麼而做』就是經理人必須要回答的問題。從這個問題的回答中，經理人可以直接看出自己對現在的工作究竟抱有一種怎樣的態度。經理人也好，員工也好，在做一件事情之前，每個人都有自己必須要這麼做的理由。不論經理人做這件事的目的和想法是什麼，都不要對它們進行否認，而是要勇敢地承認。因為只有對自己誠實，才能真正做到毫無顧忌、義無反顧。」

「是啊，您說得對。對自己誠實，了解自己的管理動機，這是真正意義上作為經理人而邁出的第一步。可惜，大部分經理人都渾渾噩噩，甚至窮極一生也無法正視這個問題。因此，他們不知道自己在這樣的位置上該做什麼工作，他們一直都被顧慮束縛著。」杜偉男點頭肯定道。

「其次，要有正確的自我定位。當經理人想明白『你為什麼而做』後，就會發現自己對究竟要做什麼事不再迷茫，也會看到現實與理想的真實差距。也只有在這個時候，經理人才會對公司或團隊的未來有一個初步的認識和規劃。」亨利導師說道。

李彬皺著眉頭想了想，說道：「也就是說，經理人要明白自己究竟適合怎樣的方向，適合怎樣的管理方法。當員工遇到問題時，經理人要搞清楚授權與反授權的異同，掌握界限。」

「不錯。」亨利導師點頭表示肯定道,「最後,經理人要學會獨立決定。獨立決定並非是讓經理人拒絕員工的建議,相反,經理人應該多傾聽員工的想法,對員工的建議和意見來者不拒。(如圖 11-5 所示)但需要注意,經理人需要對員工的意見進行篩選,不要什麼都上呈給老闆。要知道,老闆可沒有那麼多時間處理這些細節問題。」

大家都點了點頭,然後在本子上瘋狂地記著筆記。

等大家都記得差不多了,亨利導師笑瞇瞇地說道:「好了,各位,今天的課程就到這裡了。管理領域偉大的離經叛道者就是我,我就是——」

「亨利‧明茲伯格導師!」大家很配合地捧場道。

「沒錯,就是這樣,謝謝大家!再會!」亨利導師在大家的掌聲中,滿意地走下了講臺。

圖 11-5 經理人要做什麼

第十二章
馬克斯 · 韋伯導師主講「 全球環境 」

本章透過四個小節，講解了馬克斯·韋伯的全球環境管理理論的要點。馬克斯·韋伯對「全球環境」有著獨到的見解。為了幫助讀者更好理解馬克斯·韋伯的全球環境管理理念，作者用幽默詼諧的方式和淺顯易懂的語言文字將馬克斯·韋伯的觀點呈現給讀者。對管理學中全球環境管理部分有興趣的讀者，本章是不可錯過的部分。

馬克斯・韋伯

　　（Max Weber, 1864-1920），德國著名管理學家、社會學家、政治學家、經濟學家和哲學家，現代最具生命力和影響力的思想家。馬克斯・韋伯求學於海德堡大學，任教於柏林大學、維也納大學、慕尼黑大學等。馬克斯・韋伯對當時的德國影響極大，他曾參加凡爾賽會議並代表德國進行談判，還參與了威瑪共和國憲法的起草設計。

第一節　什麼是全球環境下的管理？

　　轉眼又到了去上管理學課程的日子，李、杜二人為了不耽誤上課，於是早早來到禮堂準備討論一下銀河公司未來的發展。

　　「我們公司雖然做得很大，但還是有點侷限。照我看，我們應該創個品牌，接一些國外的業務。」杜偉男用食指指節敲著課桌說道。

　　李彬皺了皺眉頭，說：「嗯，這倒也是。不過，我們企業承接國際業務的只有酒莊，你還想把哪部分做出去啊？」

　　杜偉男一笑，道：「我們公司能做出去的有不少呢，你看，酒莊、線上產品，還有我們推出的各種精油、奶鹽、竹炭皂、沐浴露、洗髮露等洗浴產品，總之能做的部分很多，但是缺一個能進行整體管理的人。這要是闢出一個國際部門，你說讓誰管理呢？總不能你我二人管理吧，我們也沒那個時間啊。（如圖 12-1 所示）」

　　李彬說道：「這倒也是，你這個想法我之前也有過，只是這個挑大梁的人難以確定。」

　　二人討論著，完全沒注意到周圍有已經坐滿了人。

　　這時，一個鬍子頗長的西方中年人走了過來，說道：「小夥子們，你們想涉及國際業務，得先對全球化有個了解啊。正好，我今天的課程就是全球環境管理，你們不妨聽聽看吧！」

我們公司還需要擴展一些國外業務

我們還能做哪一部分呢

我們產品很多，最主要需要一個管理人

這倒很難確定

圖 12-1 全球環境下的管理

　　說完，中年人便笑著走上講臺，說道：「各位，先做個自我介紹，我是大家今天的管理學老師 —— 馬克斯・韋伯。正如各位所見，我是個德國人。」

　　說完，韋伯導師指了指手腕上的表，上面的時間剛好是上課開始的時間。

　　李、杜二人趕快坐正，想聽聽韋伯導師是怎麼講解全球環境管理的。

　　只見韋伯導師在白板上寫了三個大字：全球化。

　　「各位，所謂全球化，自然就是涉及兩個以上國家的經營活動。」韋

伯導師介紹道，「瑞典有位學者，名叫約翰・費耶維舍，他給全球化的定義是國內經濟活動被國外以某種形式分割。常見的全球化活動有國際貿易、勞資輸出、國際投資等。（如圖 12-2 所示）」

全球化就是涉及兩個以上國家的經營活動。
約翰・費耶維舍給全球化作出了具體定義：
國內經濟活動被國外以某種形式分割。
常見的全球化活動有國際貿易、勞資輸出、國際投資等。

圖 12-2 什麼是全球化

「現在所有國家都實現全球化了嗎？」一位梳馬尾的女生問道。

「我們可以這麼說，所有國家都應該從全球化中受益。因為全球化不僅是一個事實，更是一個過程。」韋伯導師說道。

女生思考了一下，似乎沒明白韋伯導師的意思。

韋伯導師繼續說道：「你看，我之所以說全球化是事實，是因為當前世界各國和各個企業間的相互依賴程度，比歷史上任何時候都要高。我之所以說全球化是一個過程，是因為世界各國和各個企業間的依賴程度沒有達到頂峰，而是越來越高。這個『過程』指的是全球化的發展過程，也是人類的發展過程，它還遠遠沒有到達終點。」

「那，全球化的發展階段具體怎麼說呢？」女生問道。

　　韋伯導師說道：「我們如果探討全球化的發展階段，可以從歷史發展和企業發展這兩方面進行。我們先看歷史發展，全球化是歷史的進步，也是歷史發展不斷向高層次演變的過程。而企業的發展，總是以歷史發展為基礎的，是從一開始的被動發展逐漸向主動發展的。就像剛才那兩個討論拓展全球業務的男士一樣，他們現在就是在主動尋求企業的全球化發展。」

　　女生點點頭道：「我明白了。可是，管理為什麼要全球化呢？我覺得，管理只要維持原有的進度就好了啊，拓展國際業務，就在那個國家找個管理者來管理不就好了嗎？」

　　「當然不行，孩子，你想得太簡單了。」韋伯導師說道，「我們要探討全球環境管理，就要先弄明白全球化內涵。我們可以從四個方面來理解全球化內涵。」

　　韋伯導師在白板上寫道：產業層面上的全球化內涵，企業層面上的全球化內涵，國家或地區層面上的全球化內涵，世界層面上的全球化內涵。

　　「我們先看產業層面上的全球化內涵。」韋伯導師說道，「在全球化進程不斷發展的今天，某一產業會在全球範圍內擴張和活動，這能為該產業的發展帶來機遇。我們再看企業層面上的全球化內涵。從企業層面看，全球化能幫助該企業在各國或地區擴張資本，並且讓其獲得商品資訊，加強企業與該國或該地的商品交流。然後看國家或地區層面上的全球化內涵。全球化能讓各個國家間加強經濟方面的連繫。最後看世界層面上的全球化內涵。全球化能促進商品、資本、服務、資訊等方面在全球範圍內的交流。」

　　杜偉男突然想到了什麼，然後問道：「韋伯導師，這個全球化管理有哪些模式啊？」

　　韋伯導師略一沉吟道：「現在一共有四種全球化管理模式，分別是全

球管理模式、國際管理模式、多國管理模式和跨國管理模式。」

　　這時，一位男生小聲嘀咕道：「全球管理模式不就是國際管理模式嗎？國際管理模式跟多國管理模式又有什麼區別，多國管理模式不就是跨國管理模式？」

　　韋伯導師搖了搖頭，說道：「哎，你聽我接著往下說嘛。你看，全球管理模式指的是母公司集中決策，對海外業務實施嚴格管理控制的模式。一般來說，產品成本較低的企業會採用這種全球管理模式，以便將自己的產品或技術銷往全球。（如圖 12-3 所示）」

圖 12-3 四種全球化管理的模式

　　杜偉男想了想，這種模式並不適合自己，因為銀河公司的產品成本並

不低廉，於是專心聽韋伯導師講後面的幾種管理模式。

韋伯導師繼續說道：「再看國際管理模式。在國際管理模式下，母公司需要具備開發核心技術的知識與能力，再將知識與技術傳達給子公司。一般來說，所承受的來自全球化和當地的壓力都比較小的企業適合採用這種模式，因為它的成本並不低。」

杜偉男又想了想，銀河公司並沒有什麼核心科技，所以這個模式也被他放棄了。

「再看多國管理模式。」韋伯導師繼續道，「多國管理模式與國際管理模式正好相反，它更適合所承受的來自全球化和當地的壓力都比較大的企業。在多國管理模式下，母公司需要給子公司很大的自主權，相當於讓子公司自治。這種管理模式比較自由，總部只需要定期對子公司進行指導和協調即可。但採用這種管理模式的公司很難向競爭對手發動全球性攻擊。」

嗯，這個模式倒是滿適合銀河公司的，不知道下一個怎麼樣。

韋伯導師繼續說道：「跨國管理模式是一種『母公司與子公司合作』的管理模式，比如母公司提供技術，各國的子公司提供配件等。各位可以根據需要，具體選擇適合自己公司的全球化管理模式。」

剛才的男生恍然大悟道：「噢，原來還有這麼多講究。在全球環境下，管理者也會面臨各種機遇吧？畢竟管理全球化作為當代世界的發展趨勢，其競爭已經越來越激烈了。」

「是啊，不只是機遇，還有挑戰呢。」韋伯導師微笑著說道，「下面我們就來講解一下全球環境帶給管理者的機遇和挑戰。」

第二節　全球環境帶給管理者的機遇和挑戰

「對於管理者來說，全球化進程的加快會給他們帶來更大的舞臺。（如圖 12-4 所示）」韋伯導師說道，「但是，如果把管理者放在更大的舞臺上，他們就會面臨更大的競爭。」

圖 12-4 全球化帶給管理者的機遇

大家紛紛點頭表示同意，俗話說「人外有人，天外有天」，站到更高的位置，自然就會接觸到更多優秀的管理者。如果在管理上拼不過對手，那企業還怎麼拿下海外市場呢？

「提到全球化，我們首先會想到經濟全球化。」韋伯導師繼續說道，「而作為當代世界的基本發展趨勢，經濟全球化又讓企業所面臨的市場競爭更加激烈。所以，管理者的思想必須隨著新形勢的發展而發生改變。也就是說，如果想讓企業在經濟全球化進程中生存下來，管理者就一定要積

極探索現代管理模式，找到適合當前形勢的管理新思維和新方法。」

杜偉男想了想，說道：「在全球環境下，企業管理有沒有更豐富的內涵？它肯定不會像現在這樣吧？」

「當然。」韋伯導師笑著說道，「全球環境下的企業管理主要有兩方面含義：第一，企業管理體制；第二，企業管理方式。企業管理體制就是建設一個適應市場經濟的科學管理制度，企業管理方式就是要打造一支能增強企業活力、提高企業效益的管理團隊。」

一位穿紫色襯衫的男士問道：「韋伯導師，您能具體講解一下我們在全球環境下會有哪些機遇和挑戰嗎？」

韋伯導師點點頭道：「各位的母語是中文，但大家都會說國際通用語 —— 英語，對嗎？那透過英語融入國際市場，這就是一個最明顯的機遇。還有，我們可以學到世界先進的技術與管理方法，接觸到之前沒有涉及的產品，這也是非常不錯的機遇。此外，中國是個發展中國家 —— 無意冒犯，她發展得很快，中國的管理者在全球環境下，將有機會加入全球最優秀的公司。這對開闊眼界、提升能力、獲取資訊都很有好處。」

「真不錯，那挑戰又有哪些呢？」紫襯衫男士問道。

「至於挑戰嘛，除了前面提到的競爭力問題，還有全球環境本身的問題。世界是複雜的，不同國家的人，其文化、背景和思維方式各不相同，」韋伯導師說道，「這讓另一個國家的人較難適從。尤其是來自資本主義環境的管理者和來自社會主義環境的管理者，二者的思維模式和管理手段很難共通。」

大家都點了點頭，有機遇就會有挑戰，這是應該的。

「那我們應該如何應對全球環境下的機遇與挑戰呢？」一個戴漁夫帽的女生舉手問道。

韋伯導師笑著說道:「是啊,你這個問題恰好是我接下來要講的。前面幾位管理學導師應該也講過,任何管理都離不開文化。也就是說,成功的企業管理,應該是從組織文化出發,全企業都適應這種文化,發展組織文化,這樣才能形成科學管理的核心。下面我們就來具體講解一下,管理者們應該如何應對全球化的機遇和挑戰。」

韋伯導師頗為高興地說道:「你們中國有個詞叫『以人為本』,這個詞我非常喜歡。因為管理者應對全球化的機遇和挑戰的第一步,就是要學會人性管理。我們都知道,管理歸根結底就是對人的管理。不管是老闆管理經理人,還是經理人管理員工,都是在『人』的方面下功夫,這一點是全球通用的。企業裡的人都是相互關聯的,並非獨立存在的。作為人,他們需要得到歸屬感和認同感。不管是國內企業,還是國外企業,管理者都要在這方面下功夫,要從『義務感、能動性與社會責任』出發,實現中西管理結合。」

李彬點點頭,他是最贊成「人本管理」的。在他看來,企業是沒有中國人和外國人之分的,而只有制度與人之分。

韋伯導師繼續說道:「管理者要應對全球化的機遇和挑戰的第二步,就是管理者自身的形象管理。這裡的形象管理並不單單指著裝,更指管理類型。不管是東方企業,還是西方企業,其管理者形象無非是三種:強者型、能者型和賢者型。強者型管理者精通權術管理;能者型管理者精通技術管理;賢者型管理者精通公關管理。適應全球環境的管理者,一定要集合強者、能者和賢者的優勢,並重點突出某一方面優勢,這樣才能更好地適應全球管理競爭。」

「那有沒有廢物型管理者啊?」穿紫襯衫的男士問道,大家聽了哈哈大笑。韋伯導師也忍俊不禁道:「應該是有的吧,但廢物型管理者早早就

被淘汰了，又怎能參與全球管理競爭呢？」

　　穿紫襯衫的男士也笑著點頭表示認同。韋伯導師繼續說道：「管理者要應對全球化的機遇和挑戰的第三步，就是人際關係管理。人際關係在國內和國外都是很重要的管理內容。在人際關係管理中，管理者要做到這兩點，一是將員工變成『自己人』，二是善用『情感法則』，讓員工對你沒有抗拒性。」

　　是啊，杜偉男想道，中國原本就看重人情，「法外不外乎人情」也是不少管理者的口頭禪。和諧管理是中國企業的特點，沒想到國際上也在強調這方面的管理了。

　　韋伯導師說道：「正所謂管人先治心，『得人心者得天下，失人心者失天下』。如果管理者們能用心管理，做到『將心比心』『以身作則』，那員工也願意尊重和愛戴管理者，願意與企業同舟共濟、榮辱與共。」

　　李彬說道：「有句話我很喜歡，叫『視野有多大，事業就有多大』。作為管理者，我們確實應該把目光放得長遠些。如果管理者都沒有全球視野，不敢接受全球化挑戰，那這個企業也做不了多大。」

　　另一個穿著幹練的女士也點頭贊同道：「確實，我們公司之前的服務對象，都只是中國客戶，所以我們一直在熟悉的條件下調配資源，與處在同樣環境下的其他公司競爭。看來，我應該將目光放得長遠些，這樣才有利於公司的發展。」

　　韋伯導師笑著說道：「不錯，隨著經濟全球化時代的到來，企業也迎來了更大的發展空間。如果只靠本土環境營運管理，那到全球化進程深度發展時，公司就會因無法適應環境而出現危機。畢竟在全球環境下，公司的本土優勢是很難複製的。不過，如何在全球環境下開拓市場、整合資源，還取決於管理者的視野和胸懷啊。」

大家紛紛點頭稱是，韋伯導師神祕一笑，道：「既然說到這裡了，那我也請各位思考這樣一個問題 —— 你能擔任全球性職務嗎？」

第三節　你能擔任全球性職務嗎？

韋伯導師的話音一落，在場的各位就陷入了思考。

是啊，如果今天公司就上市了，成為國際性的企業，那我們有資格擔任全球性職務嗎（如圖 12-5 所示）？

我語言不通

我在本土發展，沒有國際優勢

我倒是有能力，可是我具體要怎麼做呢

我們該怎麼辦呢

圖 12-5 你能擔任全球性職務嗎

看著大家沉默的樣子，韋伯導師一笑，道：「沒關係，大家可以暢所欲言。」

剛才那位穿紫襯衫的男士率先搖了搖頭，說：「我肯定無法擔任，我

英語不好，其他國家的語言就更不會說了。」

「我也不行。」穿著幹練的女士說道，「我一直在本土發展，在國際業務領域沒有優勢。」

「我覺得我可以，我們企業也有進軍國際市場的意思。」杜偉男毫不猶豫地說道。

大家也開始七嘴八舌地討論起來，等大家討論得差不多了，一位穿得很潮的小男生不以為然道：「『車到山前必有路』，擔任全球性職務有什麼難的？」

「想擔任全球性職務，可沒那麼容易啊。」韋伯導師說道，「要知道，想成為全球環境下的管理者，就必須具備四種關鍵能力 —— 國際商務能力、文化適應能力、視角轉換能力和創新能力。各位想想，你們都具備這四項能力嗎？」

大家沉吟片刻，大部分人都露出了沮喪的神色。

韋伯導師趕快說道：「大家不要垂頭喪氣嘛，其實，想擁有這四種能力也並非難事。我們只要從經歷中學習，從與人的關係中學習，從工作項目中學習，就能培養這四種能力了。」

「您能講解一下，我們在現代企業管理中如何做，才能儘快擔任全球性的職務嗎？」一位戴大框眼鏡的女生說道。

「當然，這位同學。」韋伯導師說道，「其實，我們要想擔任全球性職務，就要審查自己在公司中有沒有權威性。企業家也好，經理人也罷，大家都是從事管理活動的，這種作決策的優勢是原本就存在的。所以，管理者們一定要發揮自己的才能，讓員工們認識到你們的權威性，這樣才能讓你的話有份量。」

這話說到了不少人心坎裡，畢竟很多人出來做管理，就是因為管人總比被管「高級」些。

韋伯導師清了清嗓子繼續說道：「再有，就是現代企業管理很講究文化性，所以，想擔任全球性職務就要有一套具備策略性、前瞻性的發展目標。從管理上看，制度是體現文化的最直接的載體。說白了，管理本身就是一種文化，而不只是一門學科。每家企業都有自己的溝通語言、信仰和價值觀，正是這些文化性的東西，才帶動了現代企業的管理技術及各項指標。一些全球性的大企業都有自己獨特的管理文化，比如松下電器、妙德公司、惠普公司等都有各自的企業精神。給員工們製造一個『工作文化』環境，才能站在全球性的舞臺與其他企業競爭。」

「當然，光有文化性是不夠的，若想擔任全球性職務，你還要讓管理帶有理念性。」韋伯導師繼續說道，「我們已經提到，全球性的公司其實也講究人本管理，所以，個人能力也是管理者需要特別重視的方面。畢竟企業是以利益為先的，所以管理者必須保證個人能力能得到充分實現和發揮，以此保證企業的活力。」

杜偉男點點頭，確實，現在經濟全球化進程越來越快，不僅銀河公司想向全球擴張，R市還有很多企業都想把公司開到國外去。既然大家都有這個想法，那自然就有全球性職位的需求。想到這裡，杜偉男舉手問道：「韋伯導師，就算我們能找到全球性管理者，他們也能擔任全球性職務，那他們應該怎麼做才能管理好全球性公司呢？還請您說得具體一些。」

韋伯導師點點頭，說道：「當然沒問題，這第一步，就是要對海外公司的企業文化有一定的了解。比如西方國家的企業大多採用『分食制』，而中國國內企業大多採用『同食制』。雖然子公司會根據母公司的機制發展，但由於子公司所處的文化背景和產業背景不同，所以管理者在進行管

理時也要考慮到這一點。在管理子公司時，管理者一定要先了解子公司獨有的文化，才能有的放矢地對其進行管理。」

「第二步，就是要了解當地顧客的需求。」韋伯導師繼續說道，「各位可以想想，每個地區的顧客都有自己的特點和需求，何況是海外的顧客呢？所以，在管理公司之前，我們還要搞清楚用戶的需求。」

「嗯，這倒是，畢竟是去海外公司做管理工作，這些方面不準備好了可不行。」李彬想道。

韋伯導師接著說道：「這第三步嘛，就是要對子公司的員工和管理者們進行分析。作為管理者，你可以不了解你的員工，但你一定要正確認識他們，學會觀察和傾聽他們的需要。雖然我們不一定要滿足員工的要求，但一定要讓他們信任你、信服你。不僅是員工，其他管理人員也是我們的分析對象。學習各種人的長處，才能讓我們的能力獲得不斷的提升。」

「在做好調查後，我需要將子公司和母公司的管理理念相協調，同時根據母公司的管理變化，不斷更新子公司的管理系統，做到『大同一，小分異』。」韋伯導師說道，「而且管理者一定要具有創新精神，這樣才能更好地帶領公司。」

大家都聽得頻頻點頭，等記筆記的同學都停筆後，韋伯導師笑著說道：「各位，現在時間剛好下課，我也該回去休息了。那麼，大家晚安。」

同學們紛紛起身鼓掌，送別這位準時的德國管理學家。

第十三章
切斯特 · 巴納德導師主講「團隊」

本章透過四個小節，講解了切斯特·巴納德的團隊管理理論的要點。在切斯特·巴納德看來，企業離不開團隊，團隊也離不開管理。為了幫助讀者更好地理解切斯特·巴納德的團隊管理學，作者將切斯特·巴納德的觀點熟練掌握後，又以幽默詼諧的方式和淺顯易懂的語言文字呈現給讀者。對團隊管理有興趣的讀者，本章是不可錯過的部分。

切斯特・巴納德

（Chester Barnard, 1886-1961），現代管理理論之父。切斯特・巴納德是社會系統學派的創始人，關於團隊管理，他有著獨到的見解與貢獻。在現代管理學領域，巴納德可以說是首屈一指的大師級人物。有一個有趣的比喻是：切斯特・巴納德對現代管理學的貢獻，就像法約爾和泰勒對古典管理學的貢獻一樣。他既是優秀的管理者，又是位成功的商人。美國《財富》雜誌盛讚他為「可能是美國適合任何企業管理者職位的具有最大智慧的人」。

第一節　難道群體就是團隊嗎？

轉眼又到了上管理學課的時候，杜偉男早早地完成了工作，看著時間還早，於是興致勃勃地到銀河公司的員工區繞了一圈。可是，就因為繞了這一圈，杜偉男心裡憋了一肚子火。

原來，銀河大廈的五層和六層是會議室，每間會議室都有前後兩個門。為了像班主任一樣能隨時從門玻璃上看到情況，杜偉男特意叫人打了幾個跟教室一樣的門。

可是不看不知道，一看就生氣，幾乎所有會議室裡的情形都是主持人在上面講，團隊成員在下面混，玩手機的，聊天的，甚至還有偷吃麵包的。

杜偉男臉上的黑線越來越多，當他走到最後一間會議室時，看見一位戴眼鏡的女生正在臺上講著什麼，而臺下的人聽得都很專注，整個房間的氣氛都是活躍且有秩序的。（如圖 13-1 所示）

　　杜偉男舒了口氣，感覺好受了不少，還好自己的公司裡還是有幾個正常團隊的。

　　不過，這個戴眼鏡的女生有點眼熟，杜偉男總覺得自己好像在哪裡見過她。

　　正想著，裡面的女生抬手看了看腕錶，然後微笑著讓大家散會了。看樣子，她好像是急著去什麼地方似的。

　　女生匆匆出來，看到門口的杜偉男也吃了一驚。

　　「杜總？您好。」

圖 13-1 什麼是團隊

　　杜偉男趕快說道：「嗯，你好。你叫什麼名字？新來的？」

　　女生點點頭：「您好，我叫梁歡，是剛上任的市場行銷總監。」

　　說完，女生又看了一眼表，看上去有些心不在焉。

　　「你是急著去哪裡嗎？不行我送你一趟吧。」杜偉男說完，自己也有

點奇怪。等下還有管理學課程呢，自己怎麼能說出這樣的話？萬一對方真讓自己送，自己不就來不及上課了嘛。

還好，女生猶豫了一下說道：「不用了，杜總，我自己叫車去就好。」

「還是我送你吧，反正我也沒事。」杜偉男說完，就在心裡給了自己一拳，怎麼回事？

女生有些不好意思地說道：「那就麻煩您了，我在 R 大有個管理學課程。」

啊？女生話一出口，杜偉男仔細看了看她。

「哎！你不是法約爾導師課上的那個……」杜偉男突然想起來了，這個女生正是在法約爾導師的課上表現優異的那位女生！

「您也在那裡上課？好巧。」女生也有點驚訝。

一路上，二人聊得很投機，不知不覺就到了禮堂。剛進門，李彬和紀天敬就對著二人招了招手，問：「呦，杜總，身邊這位是？」

杜偉男臉一紅，想到之前自己調侃李、紀二人，他心裡明白李彬是故意的。

「去去去，趕快上課了。」杜偉男有些侷促地說道。

李彬正欲調侃一下他，一位西方老者就顫顫巍巍地走上了講臺。

「咳咳，大家好啊，我的名字是切斯特‧巴納德，是各位今日的管理學講師。」巴納德導師笑瞇瞇地說道，「啊，今天我們的內容是什麼來著……哦對了，團隊管理！」

「哇，這個老頭真的沒問題嗎？」「大家看著巴納德導師一臉黑線地想道。

「你們別看我年紀大，頭腦還是很清楚的，不然怎麼幫各位上課

啊？」巴納德導師彷彿看出了大家的疑惑，於是趕快對大家說道。

　　杜偉男趕快給巴納德導師找了個臺階下，說道：「巴納德導師，正好，我很需要團隊管理方面的知識。我們企業的團隊，除了我身邊這位梁歡女士所帶的團隊之外，其他團隊都是一團糟，這讓我很苦惱。」

　　巴納德導師搖了搖頭，說道：「咳咳，孩子，你以為團隊是什麼？難道一群人聚在一起就算團隊了嗎？如果你不加強團隊建設，那所謂的團隊也不過是一群烏合之眾罷了。」

　　嗯，這句話倒像管理學家說的。大家立刻聚精會神地聽下去了。

　　巴納德導師清了清嗓子：「團隊建設的重要性，想必各位都是知道的。在現代企業管理中，團隊建設早已成了重要的一個環節。（如圖 13-2 所示）團隊建設對公司發展、員工發展有著獨一無二的意義。團隊的各個成員都要確定團隊目標，並圍繞這一目標進行活動。所以，團隊聚在一起的前提就是有共同目標。」

所謂團隊建設，就是有組織、有計畫地加強團隊成員之間的溝通交流，培養團隊成員之間的默契，增進彼此之間的了解和信任。

圖 13-2 什麼是團隊建設

241

杜偉男點點頭，說道：「您說得太對了。有共同目標的一群人才叫團隊，沒有的只能叫烏合之眾。」

巴納德導師笑著說道：「是啊，團隊是指有能力有信念有夢想、因為共同的目標而組合在一起的一群人，他們擁有高執行力、高戰鬥力。這個共同的目標正是把他們凝聚在一起的紐帶，沒有了它，團隊不過是一盤散沙。」

想起之前看到的場景，同一個團隊裡的成員，玩手機的玩手機，看影片的看影片，吃東西的吃東西，一點緊迫感和參與感都沒有，杜偉男的心裡不由得焦慮起來。

作為企業家，他當然明白有目標的團隊會越來越好，越來越強大，也會堅定不移地向前發展。相反，沒有目標而聚在一起的那群人，不堪一擊，用「大難臨頭各自飛」來形容他們一點也不為過，而且往往是大難未至，他們就已經抱頭鼠竄了。

巴納德導師說道：「一個團隊的成立，如果不是基於某個目標或者目的之上，那麼這個團隊的成員，一定是盲目的，他們不知道自己工作是為了什麼，他們更不知道努力了會有怎樣的回報。這種模糊不清的未來就會使他們失去工作的熱情。如果團隊中所有人都如此，那麼團隊就沒有了存在的意義。」

「那我們應該如何設定團隊目標呢？或者說，設定團隊目標有什麼要求呢？」一位戴眼鏡的男士急切地說道，他似乎比杜偉男還要急。

巴納德導師斬釘截鐵道：「團隊目標一定要簡明扼要，同時包括以下三個要素──什麼時候？達到什麼效果？為了達到效果要用什麼方法？只要包括這三點，它就是一個好的團隊目標。比如我最喜歡的一條團隊目標就是『100 天完成建築封頂，捲起袖子，做就對了！』」

這個導師還滿有熱情的，大家都笑了。

「此外，團隊目標還要在內部達成共識，而且一定要清晰明確、切合實際。」巴納德導師說道，「團隊管理者不能睜眼說瞎話，讓團隊成員看笑話。就像剛才那個目標，本來需要 100 天才能完成的工作，如果管理者亂說成『30 天完成』，那這個目標設不設也沒什麼意思。」

確實，一個團隊的目標，對成員有著鞭策和激勵的作用，使他們有方向感、產生積極的情緒，更有助於成員們集中精力朝著終點前進。如果目標本身就是錯的，那未來肯定走錯路。

「巴納德導師，光有目標哪行呀，我們平時管理團隊還得有其他方法吧？」眼鏡男問道。

「哎，你個小年輕，怎麼比我老頭子還急。」巴納德導師笑著說道，「別急，你且聽我慢慢說 ── 」

第二節　你應該這樣管理好一個團隊

什麼？

當大家聽到巴納德導師的話後，紛紛露出了驚訝的表情。

原來，巴納德導師說了這樣一句話：「管理下屬，首先要站在下屬的角度換位思考！」

剛才的眼鏡男一臉吃驚，說道：「我說巴納德導師，您確定嗎？我們可是管理者，管理者當然要有管理者的思維了，要是把自己當成下屬去思考，還怎麼帶領團隊進步呀？」

其實，梁歡好像明白巴納德導師的意思了。她在一旁說道：「您的意思是，同理心？」

巴納德導師笑瞇瞇地說道：「哎，你說對了，我要說的就是同理心。管理者在管理下屬時，常常會覺得一頭霧水，因為他們不知道員工為何會出現這樣那樣的心理。其實，只要管理者站在下屬的角度，用下屬的思維方式進行思考，就很容易察覺員工的心理活動，也就清楚員工做出該行為的原因。」

「同理心有這麼重要嗎……」另一個戴帽子的女士小聲嘀咕著。

「當然了，孩子，」巴納德導師認真道，「同理心對管理者相當重要。要解釋這個問題，我們需要先就企業中的領導力一詞進行解讀。領導力，就是處理各種複雜事務的能力。通常情況下，領導力需要一定的客觀性以及果斷的決策能力。有很多證據都表明，同理心在領導力及領導關係中至關重要。在管理中，同理心又分為『認知同理心』和『情感同理心』。」

巴納德導師將這兩個名詞寫到了白板上，然後說道：「所謂認知同理心，指的是管理者透過創造一個舒適、友善的環境，來平衡管理者與員工間的關係。這種環境能鼓勵員工提高工作效率，還能讓每個管理者與員工實現『雙贏』。此外，管理者也能體現出良好的管理能力。經研究發現，認知同理心越高的員工，其幸福感與職業滿意度也就越高。」

「所謂情感同理心，指的則是管理者應當與員工建立相互信任、密切合作等關係。這對最大程度提高員工的參與度至關重要。」巴納德導師笑瞇瞇地說道，「下面我們來舉個例子，大家聽了就知道了，誰願意跟我來幾場對手戲？」

「我來！」「眼鏡男」摩拳擦掌地走上了講臺。

巴納德導師笑著說道：「好！假設我是老闆，你是員工。現在，你要對我提加薪的事，而我則要告訴你公司目前沒辦法給你加薪，好嗎？」

「沒問題。」「眼鏡男」說道，「老闆你好，我覺得我做得滿不錯的，

我想加薪。」

巴納德導師說道：「根據公司的政策，你還不到加薪條件。到了合適的時候，我們會根據員工的表現和成績，通知員工提出加薪申請。」

「哦，好的。」「眼鏡男」說道。

巴納德導師對臺下說道：「看，各位，這一類主管屬於管理型領導者，他們的認知同理心與情感同理心都較差，因此，他們不會抓住跟員工溝通感情的機會。他們缺乏同理心的原因有兩個，一個是有意識地迴避，另一個是他們自私自利、只關注自己。這種主管，通常會與員工有很大的隔閡。下面，我們再看另一種類型的主管。（如圖 13-3 所示）」

巴納德導師示意「眼鏡男」繼續演。「眼鏡男」說道：「咳咳，老闆，我想加薪。」

圖 13-3 管理者的溝通藝術

巴納德導師立刻說道：「聽說你想加薪？毫無疑問，你是我們公司的菁英員工，我也很能理解你現在缺錢的現狀。但是，根據公司的規定，你還不滿足加薪條件。可是我認為你理應獲得加薪。我保證，我會盡力幫你爭取，這樣才公平。」

「啊，謝謝您！」「眼鏡男」下意識地說道。

巴納德導師問道：「我這麼說，給你的感覺是不是比剛才好？」

「眼鏡男」點點頭，說：「確實，我覺得您這麼說我很受用。」

巴納德導師對大家說道：「各位，這一類領導者就屬於親民型領導者。他們的認知同理心弱，但情感同理心很強，他們在工作中懂得與員工分享情感。但是，他們有時也會受到情感困擾，而造成一些決定不客觀。這類主管更容易根據情緒而非事情本身來決定問題走向，也很容易產生職業倦怠，因為這種情感同理心在一定程度上會讓他們精疲力竭。好了，孩子，我們繼續。」

「老闆，您好，我想加薪。」「眼鏡男」繼續說道。

「哦！我對你的要求完全理解，而且，我也非常認同你要求加薪的理由。你應當獲得加薪，這是毫無疑問的。但是，我看了我們公司對員工加薪的規定，你還不符合要求。讓我來看看我有什麼能幫你做的。我會想辦法處理你的請求，我也很感謝你來跟我談這個，因為基於你的表現，我當然有權利提出給你加薪。」

「謝謝您，您知道我家裡的情況，我現在真的需要很多錢。我妻子不但沒有工作，而且還懷孕了，她就算找工作，也要等生完孩子才能找。」「眼鏡男」臨時給自己「加戲」，然後一臉壞笑地看著巴納德導師。

沒想到，巴納德導師遊刃有餘地說道：「是啊，我完全理解，你的經

歷我也親身經歷過。對於這種事情，你還是先不要擔心，我會盡我最大的努力幫助你，祝你生活順利！」

　　大家都笑了。巴納德導師趁機說道：「看，這類主管屬於情感型領導者，他們的認知同理心與情感同理心都很高。他們既能在工作中給員工創造一個溫暖友好的環境，又能跟下屬建立輕鬆和諧的關係。然而，這類主管有個缺點，就是可能為了解決員工的問題，而陷入無止境的溝通中。他們會花大量時間在揣摩下屬和客戶的思想與感受上。通常情況下，這類主管都需要一個情感同理心低的合作夥伴，來為自己執行決策。繼續吧，孩子。」

　　「眼鏡男」第四次說道：「老闆您好，我想加薪，我覺得我做得滿不錯的。」

　　巴納德導師說道：「對於你要求加薪的理由，我表示完全理解，也非常認同。毫無疑問，你的工作能力十分優秀，而且在這段時間內表現得很突出，我也非常欣賞你今天過來找我談話的舉動。我們先討論一下你的加薪請求。公司會根據員工的表現予以加薪和提供獎金，可是，按照公司的政策，你還達不到加薪的標準，如果你能繼續保持優異表現，公司就會給你加薪。怎麼樣？我期待你日後會有更好的表現！」

　　「行，我一定好好表現！」「眼鏡男」不由自主地說道。

　　巴納德導師一笑：「這類主管屬於高效型領導者。他們的認知同理心高，而情感同理心低，這通常是最高效的領導者所具備的。他們能為員工創造一個舒適、充滿積極向上氛圍的工作環境，同時能跟員工建立融洽的關係。這類領導者會帶給員工安全感，因為他說一不二，且情緒化程度低。在這種情況下，認知同理心高的主管，能幫助員工提高敬業程度和工作效率。」

「啊，我明白了，您的意思是根據團隊成員的不同，選擇合適的交流方法？」「眼鏡男」恍然大悟道。

巴納德導師點點頭，示意男生可以下臺了，並說道：「是的，孩子，謝謝你剛才的配合。你說得沒錯，作為一名管理者，培養認知同理心併合理控制情感同理心，是一件非常重要的事情。如果管理者能好好地控制這兩種同理心，就能讓員工產生親密感和安全感。畢竟，管理者會『說話』是件很重要的事啊。」

第三節　一個團隊管理者的說話之道

巴納德導師話音剛落，剛才戴帽子的女士便說道：「確實，我就經常被員工吐槽不會說話。但我個人卻沒這種自覺，相反，我覺得我還滿會說話的。」

女士剛說完，又有一些觀眾紛紛點頭應和。

「是啊，員工們老說我嚴厲，我覺得我滿和善啊。」

「員工們老說我高冷，我滿溫暖的啊。」

「同事老是要我學說話之道，我活了三十年，還不會說話？」

等大家抱怨得差不多了，巴納德導師笑瞇瞇地說道：「說完啦？其實啊，團隊管理者真的應該講究一點說話之道。畢竟你們是管理者，有時候，可能你們的一句無心的話就會讓員工感到扎心。（如圖 13-4 所示）所以，大家平時說話都要有點技巧才行啊。畢竟 21 世紀是講究團隊管理的時代，在這個時代，幾乎所有的事業都是圍繞著團隊進行的，不好好維護團隊可不行啊。」

圖 13-4 管理者的說話之道

「是的，現如今，單憑個人的力量已經很難取得什麼成就了。」杜偉男點頭稱是道，「那，我們應該如何做，才能讓員工覺得說到他們心坎上了呢？」

巴納德導師想了想說道：「先從改變口頭語開始吧。領導者可以將口頭禪從『我』改成『我們』；讓員工的行為從『我要努力』變成『我們一起努力』；讓員工的心理從『我要贏』變成『我們要共贏』。這樣就可以給員工帶來一種潛移默化的影響，使員工形成『我們是一個團隊，我們要一起努力，一起獲利』的意識。」

戴帽子的女士說道：「巴納德導師，我想問的是，我們學會說話之道的目的是什麼呢？就是為了讓員工好好工作嗎？那只要透過激勵制度，我們就可以讓他們有效率地工作啊。」

巴納德導師說道:「噢,女士,如果你會一些說話之道,就可以從員工處獲取消息回饋。要知道,回饋可是管理者的一把利器啊。畢竟,壞消息通常不會傳到管理者耳朵裡,所以管理者往往只能聽到下層員工希望他們聽到的事情。」

杜偉男聽得直點頭,確實,一名優秀的管理者,如果能夠從團隊成員處得到真實回饋,那麼他們就能在第一時間做出解決問題的行為。而且,對於一些基層管理者來說,能如實地對高層管理者反映問題,也是一件非常重要的事,特別是當基層管理者不知道如何處理出現的問題時。銀河公司的很多管理者都是「報喜不報憂」,這也是讓杜偉男頗為苦惱的一點。

巴納德導師繼續說道:「如果管理者懷疑員工不願向自己進行真實匯報,那就需要對自己的行為稍作改變。真實的回饋通常來自有效的溝通,只要管理者多與員工進行交流,並從中獲得有效資訊即可。」

「您快說一下我們要怎麼說,才能從員工處獲得回饋資訊吧。」杜偉男有些急迫道。

巴納德導師說道:「別急,且聽我慢慢講來。比如一些公司經常問員工這樣的問題『如果你的工作可以作出改變,你會選擇改變什麼』,這時候,員工往往會試探管理者的心意,想探知自己應當做出什麼樣的改變,才能更契合公司的現狀,才能解決公司目前面臨的問題。這時候,我們可以這樣問『如果你是我,你會想要做一些怎樣的改變』。」

杜偉男聽得一頭霧水,這有什麼區別嗎?

巴納德導師說道:「當員工感到惴惴不安時,管理者就很難從員工口中獲得真實的回饋。但只要重新組織語言,用一個簡單的方法,讓員工盡量用『我』來代替『你』進行回答即可。這麼說吧,員工在遇到問題時,經常作為旁觀者對當事人指手畫腳進行指責,比如『小方上班遲到早退』

等。此時，管理者要讓員工來引領改變，拋給員工這樣的問題『如果你是他，你會怎麼做』。此時，員工就會很熱情地發表自己的意見，比如『我會安裝打卡系統』『加大遲到的處罰力度』等，這些才是真實有效的回饋內容。」

「巴納德導師，我想讓員工明白我是打算帶他們闖出一片天地的，也想讓他們知道我的心意，這時候，我應該如何表達呢？」剛才的「眼鏡男」懇切地說道。

「嗨，這很簡單。首先，你可以問員工這樣一個問題，『在工作中你感到最乏味的事情是什麼』。」巴納德導師說道。

「噢，他們肯定說沒有乏味的事情。」「眼鏡男」攤手說道。

巴納德導師說道：「這個問題能讓管理者走進員工的內心，也能從他們的答案中尋覓一些蛛絲馬跡。比如員工的答案如果是『沒有乏味的事情』，那他就只是想跟管理者簡單走個過場，走個形式；如果員工列舉出很多乏味的點，但他們的工作效率卻很高，則證明他們對這項工作很重視。管理者也可以根據他們的回饋，來改善他們的工作環境。」

「對呀，您說得沒錯，看來我是要多鼓勵大家『吐槽』了。」「眼鏡男」說道，「員工的回答能讓我對基層環境有更深刻的認識。我只有打造出真正能提高員工工作效率的環境，才能將公司的利益最大化。如果員工指出的工作中最乏味煩瑣的部分，恰好也是最賺錢的部分，那麼，我就應當試著改變分配任務的方式，或者提高這部分工作的待遇與福利。不要讓員工認為我問的問題都是無足輕重的，而要讓員工看到公司做出的改變。」

巴納德導師狡點一笑，說道：「你還可以問問員工，『你認為公司明年會是怎樣一番景象』。問這個問題，就是為了讓員工設想一下，他們明年在公司會做些什麼。根據員工的回答，你們可以明確，自己引領的團隊

在員工心目中的發展方向是什麼。如果你們發現，員工心目中的方向與自己所期望的發展前景不一樣，那作為管理者，你們就需要及時與員工進行溝通，把大方向拉回正軌。」

確實，杜偉男不住地點頭，真實的回饋都來自於有效的溝通，若自己真想洞察員工內心真實的想法與建議，營造團隊交互力，那就應當從這方面入手，這樣才能讓溝通變得更加簡單有效。

「對了，各位，你們都知道《拿破崙法典》（又稱《法國民法典》）嗎？」巴納德導師話鋒一轉道。

「《拿破崙法典》？」

「當然知道啦！」

「資本主義國家最早的一部民法法典嘛。」

大家紛紛各抒己見道。

巴納德導師則笑瞇瞇地說道：「這團隊中啊，也要有一套『拿破崙法典』才行啊！」

第四節　團隊管理的「拿破崙法典」

巴納德導師擺了擺手平靜地說道：「各位，我知道大家的團隊有些有『法典』，有些沒有，這都沒關係。只要大家按照我們今天講課的內容，回去將團隊制度建設起來即可。」

杜偉男說道：「我們企業的團隊就像一盤散沙，除了歡歡帶的團隊，其他團隊就像您說的一樣。這是個群體，看來，我回頭真要緊盯團隊工作了。」

「要建設團隊，就要有一個明確的制度，也就是我剛才說到的『法

典』。」巴納德導師說道,「一個團隊是否擁有明確的團隊制度,這些制度是否被嚴格執行,是關乎團隊生存和發展的重要問題。如果能夠擁有一個明確的團隊制度,團隊管理的效率就會提高。如果團隊成員能夠遵循這一制度,那企業的經濟效益也會提高。如果管理者能夠不斷更新這一制度,那團隊和企業都會獲得生生不息的生命力。」

杜偉男點點頭,之前大家已經學過了,在企業管理中,管理者需要形成一個共識 ——「要讓制度管人,不要讓人管人」。

雖然大多數管理者都知道這一點,但如何制定明確的管理制度,如何讓團隊中的成員能夠認真執行這些制度,卻成了讓大家頭痛的問題。

巴納德導師說道:「想要讓制度真正能夠在團隊中發揮應有的作用,就需要在制度制定方面多下功夫。具體來說,管理者應該首先做好以下幾點工作。首先全面總結,對症下藥。管理制度的制定,需要考慮的並不僅僅是對錯問題,更多的還是要考慮是否適用的問題。團隊管理者應該對團隊進行全面的評估,然後再去衡量制度的輕重。制度過於嚴格容易讓成員產生反抗心理,過於輕鬆又會讓制度形同虛設。因此,『下藥的劑量』一定要準確掌握。」

「是啊。」「眼鏡男」點頭說道,「我從其他地方學來的團隊制度,就完全不適合我們團隊。」

「是啊,所以我們一定要根據團隊的實際情況來制定具體制度。」巴納德導師繼續說道,「其次,充分協商,保障實行。沒有哪個成員喜歡被制度所束縛,如果管理者在制定製度的時候,不充分考慮成員的感受和意見,強迫成員去接受制度,成員就會產生反抗心理。(如圖 13-5 所示)為了防止這種情況的發生,大家可以透過『協商』的方式與成員共同探討一些問題,在一些方面徵求成員的意見,進而發表更為完善的管理制度。雖

然是共同協商，但更多的還是由管理者主導，不過，大家可以透過這種方式讓成員產生參與感。」

圖 13-5 團隊管理的潛規則

大家聽得頻頻點頭，催促巴納德導師繼續往下說。

「再有就是，簡單易懂，標準明確。制度要盡量簡潔，能用一條制度說清，就不要再使用另一條。同樣的，制度越煩瑣、責任越分散、數量越繁雜，就越容易出現問題。同時，制度的制定還要確立標準，明確訂定哪些可以做，哪些不能做，哪些應該做，做錯了什麼會遭到什麼懲罰。這些內容都需要訂定清楚，一個含糊不清，就會讓整個制度失去準確性。」巴納德導師說道。

「哎，對這一點我真是深有感觸。」一個穿藍 T 恤的男生說道，「我們團隊的問題就是責任分散，一出問題都不知道該由誰來負責。」

「哎哎，讓巴納德導師繼續說。」另一個穿紅 T 恤的男士說道。

巴納德導師一笑，道：「最後一點，就是第四點，要令行禁止、因時創新。制度發表之前要經過充分考慮，一旦頒發就不要出現朝令夕改的現象。否則不僅會削弱團隊的執行力，同時還會有損制度的權威性。不朝令夕改不意味著不更改，制度要根據現實情況進行改良和創新。因此，作為管理者，要掌握好『改』與『不改』之間的界限。」

剛說完，一個留著鬍鬚的光頭男士說道：「我就不愛給我們團隊的成員設定那些限制，大家拚命做就好了啊。」

「那不行，俗話說，『國有國法，家有家規』，團隊也應該擁有一個所有成員共同遵循的規章制度。一些團隊的管理者不喜歡進行制度建設，認為這些規定多餘。但實際上，制度是一種重要的判斷標準，同時也是工作有序進行的一種保障。就像現在熱門的智慧機器一樣，它們之所以能夠自行處理任務，就是因為被植入了固定的程式，這種程式其實就是一種『制度』。」巴納德導師嚴肅地說道。

光頭男士想了想，說道：「也是，要是沒有一點規矩，大家也就沒有凝聚力了。」

巴納德導師笑著說道：「是啊，團隊總要經歷三個階段。最開始成立時，大家彼此不熟悉，通常是各做各的。等彼此熟悉且懂得配合時，就到了磨合期，磨合期主要是磨合大家的性格。等到磨合期一過，這最後一個階段就是加強凝聚力階段了。只有加強凝聚力，才能讓團隊真正變得成熟。」

「總而言之呢，團隊的建設離不開一個好的制度。」巴納德導師說

道,「為了增強團隊的凝聚力,也為了給企業創造財富,更為了給成員們一個好的前程,我們一定要盯緊團隊建設。好了,同學們,今天的管理學課程就到這裡了,各位晚安!」

大家立刻爆發出熱烈的掌聲,送別這位可愛的管理學大家。

下了課,杜偉男有點羞澀地說道:「那個,咳,梁歡女士,你,你能不能,那個,就是……」

李彬在一旁看不下去了,正欲上前幫老杜一把,杜偉男卻話鋒一轉道:「你能不能幫我把其他團隊都帶一下?你能力強,又有責任心,一定要好好做啊!」

李彬一臉黑線,這個杜偉男就是口不對心。

梁歡倒是很乾脆,回道:「沒問題,杜總,我一定不辜負你的期待,那我先走了。」

杜偉男立刻說道:「好,我送你!」

李彬跟紀天敬看著二人笑了,李彬自言自語道:「這回,杜偉男可為公司挖到一個人才呀。只是,光有抓團隊的人才還不夠,還得找一個懂營運管理的人才才行啊。」

第十四章
瑪麗 · 芙麗特導師主講「營運」

本章透過四個小節，講解了瑪麗·芙麗特的營運管理理論要點。作者在解讀瑪麗·芙麗特思想的同時，加入了風趣幽默的例子，讓讀者能在不知不覺間提升自身的營運管理能力。

第十四章　瑪麗・芙麗特導師主講「營運」

瑪麗・芙麗特

（Mary Follett, 1908-1984），管理理論之母。瑪麗・芙麗特一輩子都沒有結婚，而是全身心放在了管理學研究上。她不僅是一位在管理學上有重大建樹的一流學者，而且在政治學、經濟學、法學和哲學方面都有著極高的素養，被稱為「管理學的先知」。在管理學界，她提出了獨具特色的新型理論。管理學界有人認為，瑪麗・芙麗特的思想至少超前了 50 年。1960 年代後的管理學者，大多都能從瑪麗・芙麗特那裡獲得啟示。

第一節　營運管理是什麼？

銀河公司董事長辦公室內。

「我想在公司成立一個營運管理部，由歡歡負責。你也看到她的能力了，絕對沒問題。你覺得如何？」杜偉男試探地問道。

李彬也贊同，說道：「跟我們公司其他男性高階主管比起來，反而天敬和歡歡這兩員女將更優秀。其實，我也早想在公司成立一個營運部了，但手頭事情太多，一直也抽不出時間來做。既然你有這個想法，那就讓歡歡和天敬都試試吧。」

杜偉男的想法與李彬一拍即合，二人又商量了一下細節，而後四人便一同出發去 R 大禮堂了。

一進禮堂，四人就察覺到不一般的氣氛。今天禮堂裡的男士們都特別興奮，女生們也是一臉好奇地竊竊私語。

就座不久後，今天的管理學導師款款走上講臺。

「哇哦！」全禮堂的同學都沸騰了，竟然是位女導師，還是位相當漂亮的女導師！她身材纖細消瘦，面容秀氣，舉手投足間都帶著一種高貴的氣息。

「各位貴安，我是今日的管理學導師瑪麗・芙麗特，今天我的授課內容是營運管理。」瑪麗導師綻放了一個十分優雅的微笑，讓現場再次歡快起來。

李、杜二人也很高興，倒不是因為今天有女導師上課，而是因為他們恰好需要一堂營運課。

瑪麗導師優雅地說道：「營運管理，想必各位都聽過這個詞吧。但是，卻很少有人能說得清它究竟是做什麼的。（如圖 14-1 所示）我之前見過不少企業，它們雖然設置了營運部，但實際上卻是綜合服務部。還有更多企業，壓根就對營運管理不感興趣。」

圖 14-1 設一個營運部門很有必要

「那這是為什麼呢？」一個男生很捧場地問道。

瑪麗導師微微一笑道：「主要還是因為比起管理控制過程，企業家們更關注經營成果。不管是考核也好，獎懲也罷，其實都是為了獲得好的結果。但他們卻沒有考慮到，如果不對營運過程進行管控，成果又怎麼能獲得保證呢？」

「那，營運管理就是過程管理嗎？」一位女生疑惑地問道。

「當然不是，親愛的。」瑪麗導師溫柔地說道，「其實，營運管理就是透過人為干預的模式，來影響最終產生的結果。這樣才能透過營運分析制定戰術，糾正偏差，引導項目和企業向訂好的目標不斷前進。」

女生點點頭道：「那，從營運部門的職能方面看，我們最重要的工作是什麼呢？」

瑪麗導師說道：「從職能方面講，營運管理部門最主要的工作就是制定營運計劃。」

「營運計劃，就是策略規劃？那不是目標管理的內容嗎？」女生再次疑惑道。

「雖然這很容易混淆，但二者並不一樣。」瑪麗導師認真地說道，「你看，營運計劃的特點是有明確的時間、人物、事件和過程，還有風險評估、預算、預期收益和結果等。營運計劃是用來指導企業完成策略規劃的。所以，在制定營運計劃時，相關人員還要針對營運計劃的內容，來做一份與其對應的分析模板，以便在後期進行分析時使用。」

看著大家聽不太懂的樣子，瑪麗導師善解人意地說道：「舉個例子吧，比如某個企業打算在 T 市開拓市場，那營運部的任務就是『確定要在 T 市做什麼樣的活動，時間是多久，我們應該如何開展活動，在活動中會遇到對手帶來的何種風險，我們要如何應對這些風險，如果應對失敗我

們要做出什麼樣的替換方案，付出的成本和代價是什麼，企業能夠收獲什麼……』總之，這些內容都是營運管理的一部分，只有完善這些內容，企業的開發團隊才能進行有效工作。」

「這些都是應該做的，還有其他需要做的嗎？」女生歪著頭問道。

瑪麗導師笑得很溫柔，說道：「當然，營運管理還要負責數據資料的收集。當營運計劃被上級批准後，所有與這份計劃有關的部門都會收到相應的計劃內容，他們在了解自己需要承擔或協調的工作後，就要全力配合營運部門收集、分析和歸檔數據。比如銷售部門負責提供銷售數據，財務部和客服部負責核查數據。」

「噢，這個倒是跟目標管理不一樣。」女生自言自語道，「看來營運管理真的很重要。」

「還不止這些呢，親愛的。」瑪麗導師微笑道，「營運管理還要進行分析與糾錯，這部分也是營運管理的重中之重。做營運的人經常會這麼說，『數據有差異，趕快分析』，意思是在企業營運過程中，經常會出現實際情況與預定目標不相符的情況。這種情況被營運人員稱作『經營偏差』，而他們的作用就是尋找究竟哪部分出現了偏差。」

杜偉男點點頭，及時糾錯，這就是他想設置營運管理部門的初衷（如圖14-2所示）。

營運部門就是一個將企業的運行和經營經細化管理的監管部門。從企業經營計畫的制定、執行到結果，營運部門都參與其中。

圖 14-2 營運部門要做什麼

瑪麗導師接著說道：「一般情況下，企業會從兩方面進行偏差追尋，一是計劃，二是經營。從計劃角度看，企業營運是一項長期的工作，其間必定有與計劃出入的偏差。所以，我們要考慮營運計劃制定得是否合理，是否需要變更調整。從經營角度看，我們在分析時要從市場環境、國家政策、產品研發、服務品質、品牌效應和客戶體驗等方面著手進行。」

　　大家紛紛點頭表示了解。

　　瑪麗導師微笑著說道：「不管是神祕的中國，還是我們西方國家，軍師這個職業是從很早之前就出現的。企業也一樣，營運管理部門就相當於企業大軍中的軍師部門。軍師部門從外部獲取資訊，在內部整合資訊，再將所有資訊進行分析，這樣才能掌控整個市場的數據，為主管決策提供依據，讓企業立於不敗之地。」

　　同學們聽得熱血沸騰。這時，一位女士說道：「營運管理只能在企業內部實施嗎？」

　　瑪麗導師搖了搖頭，說道：「當然不是，親愛的，你看，剛才我已經說到了營運管理的任務之一就是從外部獲取資訊。所以，營運管理工作的重點之一，就是要跟企業的客戶打好交道。要想跟客戶打好交道，那了解你的客戶就變得非常重要了。」

第二節　了解你的客戶很重要

　　「跟客戶打交道？」

　　瑪麗導師此話一出，大家都露出了奇怪的表情。

　　一位穿西裝的男士忍不住說道：「跟客戶打交道不是行銷部的工作嗎？」

　　瑪麗導師微微一笑道：「我就知道有些朋友會把營運和行銷搞混，也不怪大家，因為營運管理和行銷管理的確有一部分是相似的。這麼說吧，如果某公司這個月拿到了 1,000 單，大家覺得這是營運的功勞，還是行銷的功勞？」

　　「肯定是營運的功勞啊，沒有營運制定計劃，行銷也沒法按計劃行事啊。」

　　「不對，肯定是行銷的功勞，人家產品不賣出去，你計劃制定得再好也沒用啊。」

　　……

　　等大家討論得差不多了，瑪麗導師微笑道：「其實，大家說的都有道理。所以，這 1,000 單應該是營運和行銷共同的作用，畢竟公司的運作是複雜的，大家要通力合作才能創造業績。而且，大家腦海中已經固化了『營運做計劃，行銷跑實戰』的思維，卻忽略了營運也是要跑實戰的。」

　　「營運怎麼會跑實戰呢？」大家都感到迷惑不解。

　　瑪麗導師說道：「如果營運不跑實戰，那做出的計劃就是紙上談兵。他們只有真正了解市場，接觸客戶，才能把計劃做出來呀。（如圖 14-3 所示）」

圖 14-3 了解你的客戶很重要

大家都露出了恍然大悟的表情。瑪麗導師繼續說道:「還是用戰場舉例吧。在戰爭中,紅方決定對藍方進行轟炸。這時,他們要派出偵察兵了解敵情,然後再派出轟炸機對偵察兵設定的地方進行重點轟炸。營運管理就相當於偵察兵,要事先了解客戶的需求。當營運與客戶溝通完畢,了解客戶的想法後,行銷這臺轟炸機就可以出動了。行銷會根據營運給出的方案,在市場上有針對性地投放『炸彈』。也就是說,完成『轟炸任務』,是需要營運管理部門和行銷部門兩方面相互配合的。」

　　「噢,原來在行銷實戰銷售前,都是營運在負責打好頭陣啊。」大家立刻對營運有了更深層次的了解。

　　瑪麗導師也點了點頭,說:「是啊,有句話叫『客戶就是上帝』,要想真正弄清楚客戶的需求,企業就要透過營運部門了解客戶,抓住客戶的痛點。關於讓客戶滿意的營運管理,我們可以從品牌管理、產品管理和服務管理三方面著手進行。我們先來看品牌管理,品牌管理可以分為兩個階段。」

　　說完,瑪麗導師在白板上寫下兩個詞:知名度管理,名聲管理。

　　「知名度大家都明白吧,就是讓客戶認識你,這是第一個階段。」瑪麗導師說道,「現在大部分企業都會把時間和精力用在知名度上。企業會使用巨額廣告費和行銷費來提升自己的知名度,渴望在市場製造更大的影響力。但是,在知名度打出去後,大部分企業都會忽視掉第二個階段,也就是名聲管理階段。」

　　李彬思忖了一下瑪麗導師的話,確實有道理。現在很多企業都把曝光率看得相當重要,但曝光率並不代表品牌。比如某些 App 聲名遠播,誰都喜歡調侃幾句,但真正使用起來,大家卻不約而同地選擇了另一款,因為知名度高的品牌未必就是好品牌。相反,如果企業出了問題,這個有名反

而比無名更可怕。

　　果然，瑪麗導師繼續說道：「這個知名度也是分好壞的，只有好的知名度，才能擴大企業和產品的影響力。所以，品牌的第二階段才是重點階段，而要想達到第二階段，就必須讓客戶對你的品牌點頭，讓他們滿意。」

　　杜偉男頻頻點頭，畢竟「我聽說過銀河公司」跟「銀河公司真不錯」，所產生的效果是相差甚遠的。

　　瑪麗導師啜了一口咖啡，繼續說道：「第二個方面就是產品管理。品質是產品的核心，對這句話大家沒有疑問吧？」

　　大家紛紛搖頭，表示沒有問題。瑪麗導師繼續說道：「這個『品質』不僅包括我們常說的品質，還包括品味。比如葡萄酒產業，一支紅酒生產出來後，它的品質已經過關，但由於存放時間過久，它出現了明顯的酸味，這就是品質過關了但品味不過關的現象。」

　　「噢，我明白了，您的意思是，產品達到公司規定的標準並不能算品質過關，只有讓顧客滿意，讓他們點頭，這才算是品質過關？」剛才的男士問道。

　　瑪麗導師點了點頭道：「是啊，不過，品味這種東西原本就是依照個人喜好來決定的。就拿家電舉例，除了禁得起嚴格考驗的品質標準外，如果我們的家電產品配置更高一點，客戶也會更青睞我們的產品。這時候，及時了解客戶的使用體驗就非常重要了。」

　　「這個我們已經理解了，您還是快些講講服務管理吧。」一位胖胖的女生說道，「我是做客服的，營運部門經常出難題給我們，我覺得我做得夠好了，可是營運那幫人就是不放過我們，這是怎麼回事呢？」

　　瑪麗導師溫和地說道：「服務管理，其實不僅體現在行銷環節，也體

現在售後環節。體現在行銷環節的服務，就是讓顧客心甘情願地購買產品；體現在售後環節的服務，就是讓顧客明白我們不是把產品賣出去就不管了，如果產品出現問題，我們一樣會負責。我想請問你是做哪一類客服的呢？」

胖女孩想了想，說道：「我是銷售客服。」

瑪麗導師溫和地問道：「那你在進行銷售服務時，通常會怎樣介紹產品呢？」

「當然是怎麼能賣出去，就怎麼介紹了。」胖女孩皺著眉頭說道。

一位男士說道：「這不好吧，這不是欺詐嗎？一塊牛糞吹成一朵花，我最討厭這樣的銷售了。」

胖女孩當即說道：「我不是那個意思，我是說，我肯定會著重介紹產品的優點啊。」

瑪麗導師搖了搖頭道：「親愛的，其實你們營運管理人員的意思，我差不多能猜到一二。他的意思是讓你在介紹時，不要只說優點不說缺點。如果只說優點，顧客買走後發現不是自己想要的，那還是會找到公司退貨，給雙方添麻煩。」

胖女孩點了點頭道：「您說得也對，但是，我不著重說優點又怎麼能賣出去呢？我是賣空調的。」

瑪麗導師想了想，說道：「比如說，你們有一款 CP 值很高的移動空調，優點是便宜、製冷製暖快、不耗電，缺點是噪音大。那你就可以這樣介紹『請問您是自家長期用還是租房短期用？一般買移動空調的都是短期用，畢竟它比掛式機更方便移動。我們這款移動空調 CP 值很高，價格您看到了，比同類型的便宜很多，而且製冷製暖快，重點是它還不耗電，非常適合學生和租房的上班族使用。但它有一個缺點，就是噪音有點大，雖

然不擾民，但睡覺的時候開這款空調還是有點影響睡眠品質的。不過，相比它的其他優點，噪音大我個人覺得是可以接受的。我們只要在睡前關掉空調即可，畢竟它的噪音也沒有那麼大，不影響您在家中的正常活動』。」

胖女孩恍然大悟道：「噢，我明白了，謝謝您！看來營運管理人員真的很難做，我也要多理解他們了。」

「是啊，營運管理人員要負責的事情原來這麼多！」大家也都露出了更加嚴肅的表情。

「我們在前面已經提到了，營運管理工作是滲透到企業各個方面的。不僅要了解客戶，營運管理人員還要負責產品的品質把關。」瑪麗導師說道，「俗話說『品質是重中之重』，而營運管理又貫穿企業的各個方面，所以品質方面的營運管理，自然也是各個企業的重要課題了。」

第三節　品質是重中之重

關於品質的重要性，現場沒有一個人表示懷疑。

於是，大家都做出一副洗耳恭聽的樣子，安安靜靜地聽瑪麗導師講管理學理論。

瑪麗導師微笑著說道：「關於營運管理中的品質管理的重要性，我在這裡也就不做贅述了，我們一起來看方法，好嗎？」

大家立刻點頭表示贊同。

瑪麗導師在白板上寫下四點要求：堅持按照標準組織生產；強化品質檢驗機制；實行品質否決權；嚴格掌握影響產品品質的因素並設置品質管理（控制）點。

「我們先來看第一個問題 —— 堅持按標準組織生產。」瑪麗導師認真地說道,「中國有句話我很喜歡,叫『沒有規矩不成方圓』。標準化工作,就是品質管理中的重要前提,企業的標準又分技術標準和管理標準,管理標準又是工作標準的前提。而且,所有標準都是以產品為核心而展開的。所以,產品的品質標準又分為技術標準和管理標準。」

「什麼是技術標準,什麼又是管理標準呢?」一位男士舉手問道。

「技術標準,主要是指產品的原材料標準、半成品標準、成品標準、工藝品標準、包裝標準、檢驗標準等,這些都是營運管理需要管理的部分。在品質監管這一塊,營運管理一定要沿著產品生產的脈絡,從頭開始層層把關,讓每一個生產環節都在控制狀態下。」瑪麗導師認真地解釋道。

「而管理標準,則是為了規範人的行為。」瑪麗導師繼續說道,「人的行為主要包括兩方面 —— 人與人之間的行為、人與物之間的行為。制定管理標準,是為了提高產品生產員的工作品質,也是為了控制產品的品質。一個企業制定什麼樣的品質標準,能直接反映該企業管理水準的高低。所以,企業為了做好管理標準,就要嚴格做到這三點。」

根據瑪麗導師的話,杜偉男在本上飛速記著筆記。

1. 建立健全企業生產環節的技術標準和管理標準,同時讓技術標準和管理標準配套。

2. 嚴格執行標準,不管是人的標準,還是產品的標準,都要經過嚴格規範。尤其是人的標準,更要透過考核和獎懲的方式管理。

3. 不斷修訂標準,因為標準不是一次就能制定完美的,它需要在實踐中慢慢豐滿。所以,在品質管理這一塊,營運管理要保持標準的先進性。

「下面我們來看第二個問題 —— 強化品質檢驗機制。」瑪麗導師頓了頓繼續說道,「其實,管理者們進行品質檢測的目的,就是讓其在生產過

程中發揮以下職能 —— 第一，把關的職能；第二，預防的職能；第三，報告的職能。所謂『把關的職能』，又被稱作『保證的職能』。其意思是對各種原材料、半成品等產品進行檢驗和甄選，從而保證不投產不合格的產品。所謂預防的職能，就是透過品質檢驗所得的資訊與數據，發現問題、排除問題，預防有不合格的產品出現。所謂報告的職能，就是品質管理者需要將監管中發現的產品品質資訊與問題及時向主管匯報，以此提高全員警惕。」

瑪麗導師喝了口咖啡，潤一潤喉嚨。等同學們記得差不多了，一位女士舉手說道：「請問，我們應該怎樣提高品質檢驗工作呢？」

瑪麗導師略顯疲倦，但依舊帶著優雅的笑容道：「要想提高品質檢驗工作，我的建議是建立健全相關機構，讓配套設施能滿足品管人員的需求；還要建立健全相關制度，從原材料進廠開始，就要由相關制度把關，而且要做好原始記錄。這份品質檢驗制度一定要把生產工人與檢驗工人的責任劃分開，並且分別追蹤。但是，生產人員不能只負責生產，還要進行自檢、互檢等。檢驗人員也不能光負責檢驗，同時也要承擔起指導生產工人工作的責任。再有就是要樹立質檢機構的權威，任何部門和人員都不得干預質檢機構的活動，經過質檢機構檢驗，確定為不合格的產品，全公司沒有任何部門有權力讓它們出產線。」

確實，產品品質真的要嚴格把關。如果品質不能嚴格把關，那企業賴以生存的條件也就被破壞了。想到這裡，在場的同學們都露出了嚴肅的神情。

瑪麗導師繼續說道：「我們接著來看第三個問題 —— 實行品質否決權。實行品質否決權的原因，是因為產品品質需要靠工作品質保證，而工作品質的高低又取決於人。所以，如何提高人的積極性，這是質檢工作的重中之重。」

「這個我知道，就是品質責任制。」一位女士說道，「我們公司的主要任務就是產品生產，所以，我們必須要讓企業的管理人員、生產人員和技術人員切實履行品質責任制，明白自己要負責的部分是什麼，工作標準是什麼，然後將產品品質與獎罰制度掛鉤。」

「是的，親愛的。」瑪麗導師溫和地說道，「現在很多企業都將品質檢驗標準作為主管考核的重點之一。如果某位主管在品質管理方面出現問題，那在評選先進和晉升時，就可以被一票否決。」

「下面我們來看最後一個問題 —— 嚴格掌握影響產品品質的因素並設置品質管理（控制）點。我們都知道，產線需要被很好地控制，這樣才能保證達到規定的生產要求。要加強這方面的管理，就需要管理人員對整體系統進行分析，找出生產的薄弱環節並加以控制，以此生產出高品質的產品。」

大家聽得頻頻點頭，沒想到瑪麗導師雖然是一位女管理學家，但眼光卻非常獨到，不愧是被大家稱作「其思想至少超前了 50 年」的女性。

瑪麗導師優雅地喝了口咖啡，然後說道：「親愛的各位，不管是做品牌、做服務，還是做產品，我們都要用心管理。好了，今天的營運課程就到這裡了，希望大家在上完課後，能對營運方面有一些感悟。大家，再會。」

人群中立刻爆發出熱烈的掌聲，尤以男同胞的掌聲最為熱烈。

第十五章
肯尼斯・布蘭查德導師主講「多樣性」

本章透過四個小節，講解了肯尼斯·布蘭查德的關於多樣性管理理論的精髓。同時，作者使用幽默詼諧的方式，為讀者們營造出一種輕鬆明快的氛圍，讓讀者能在愉悅的氛圍中，提高自己的管理能力。本章適用於所有渴望了解多樣性管理的內容，且有提高自身管理能力欲望的讀者。

肯尼斯‧布蘭查德

（Kenneth Blanchard, 1939 年至今），當代管理大師，美國著名的商業領袖，管理寓言的鼻祖，情景領導理論的創始人之一，曾幫助眾多國際公司進入全球 500 強行列。肯尼斯‧布蘭查德不僅是出色的管理學家，也是傑出的演說家，更是成功的企業顧問，其暢銷書曾榮獲國際管理顧問麥克‧菲利獎。肯尼斯‧布蘭查德也被譽為「當今商界最具洞察力、最有權威的人」之一。

第一節　多樣性管理是什麼？

自從成立了營運部，並且讓梁歡和紀天敬擔任高階主管後，銀河公司的業績雖未見明顯成效，但整個公司的風氣卻跟以前大不一樣了。李、杜二人自然高興，打算以營運部為中心，再擴充幾個其他部門，將公司的管理做到更細緻。

這天，又到了去 R 大聽課的時間。四人早早來到禮堂，都想趕快聽聽今天的管理學導師要教授些什麼。

沒過多久，一個神色歡快的小老頭就笑意濃濃地走上了講臺，說道：「哎呀，各位來得真早，我是今天的管理學導師 —— 肯尼斯‧布蘭查德。聽到我的名字，可能不少人都覺得我是個探險家，但我在管理學方面的造詣還是非常不錯的啦。」

「噢！肯尼斯導師！我知道您，您是『當今商界最具洞察力、最有權威的人』！」一位戴護額的男生高聲說道。

「之一，我是『當今商界最具洞察力、最有權威的人』之一。哎呀，多謝誇獎。」肯尼斯導師笑瞇瞇地擦了擦腦門上的汗。圓滾滾的身體配上圓滾滾的面龐，讓肯尼斯導師顯得特別憨態可掬。

李、杜二人看著眼前的小胖老頭，很難想像他是「當今商界最具洞察力、最有權威的人」之一。可肯尼斯導師卻不在意大家的看法，反而開門見山道：「管理，其實就是管人。我管你，你管他，他管自己。但是，時代是進步的，所以管理學也在不斷發展，變得科學合理且多樣性起來。」

「肯尼斯導師，」一位紮著跟哪吒同一款丸子頭的女生舉手問道，「這個『科學合理的管理』我可以理解，『多樣化』我就不懂了，您能具體說明一下嗎？」

「當然可以，」肯尼斯導師說道，「多樣性管理就是我今天要教授的內容。雖然它並未開闢專門的學說理論，但作為一個術語，它早已被管理學界廣泛接受了。我為什麼要講多樣性管理呢？因為企業是由『人』構成的，且當前的企業是現代化與全球化並行的企業。這些企業的構成人員性別多樣、國籍多樣、年齡多樣、文化背景多樣、專業技術多樣、宗教信仰多樣、個人性格多樣，正是這些『多樣性』的存在，讓企業的管理方式已經不能只拘泥於單一固定模式了，多樣性管理也就應運而生。」

「噢，我明白了。」紮丸子頭的女生說道，「雖然我明白了理論，但多樣性管理具體要怎麼管，我現在還是一頭霧水，還請您講得明白一些啦。」

肯尼斯導師依舊愉快地說道：「當然，在我講課的過程中，大家有聽不懂的地方，也請像這位女生一樣及時提出。給大家透露一點，我是非常喜歡幫人解惑的！」

說完，肯尼斯導師俏皮地眨了眨眼睛，大家也都露出了輕鬆的表情。

肯尼斯導師清了清嗓子說道：「要做好多樣性管理，我們首先要確定各個方面的多樣性是如何影響你的工作場所、人員和流程的。這是一個很關鍵的問題，比如『什麼是現在正在執行的任務』『我有沒有足夠的人去完成這個任務』『我當前有多少方案去完成任務』等。」

「舉個例子說吧，有一個專案需要一個團隊去完成。要想完成這個任務，我們就要讓團隊裡包含技術人員、一線工人、公關人員和管理人員，這四種類型的成員缺一不可。」肯尼斯導師說道，「沒有技術人員，這個團隊就沒有創造性和操作性；沒有一線工人，這些產品設計得再好也是PPT產品，根本生產不出來；沒有公關人員，這個產品即便生產出來也無人問津；沒有管理人員，這個團隊就是一盤散沙。我這麼說，大家都能聽懂嗎？」

大家紛紛點頭，肯尼斯導師的講解有理有據有例子，自然是能聽得懂的。

看場下觀眾沒有異議，肯尼斯導師繼續說道：「再來就是，身為管理者的各位一定要檢查好自己的角色，並且扮演好自己的角色。因為被管理的員工和公司都是多樣的，所以管理者一定要有接受多樣性的覺悟，畢竟多樣性是所有工作中固有的部分。」

「我們不妨回想一下自己遇過的員工。」肯尼斯導師閉著眼說道，「我們肯定會率先想到那麼兩三個人，然後一個接著一個，各種類型、各種性格、各種職位的員工都會從我們腦海中冒出來。但是，我們再反思一下自己，我們在管理這些員工時，真的花時間審視他們的背景、了解他們的想法了嗎？我們之中應該有不少人都對一些員工存在成見和偏見吧？如果答案是肯定的，那你在管理過程中難免會失去客觀性和公正性，也難免會因為不包容多樣性而失去人心。」

不少人也學肯尼斯導師的樣子，閉上了眼睛回想自己遇到過的員工。其中有部分人都露出了不好意思的神色，看樣子是想到了自己曾經的偏見。

肯尼斯導師搖頭晃腦，繼續說道：「最後就是檢查公司內部多樣性所面臨的挑戰，比如勞動力太過單一，方案太過簡單，沒有備選的風險控制措施，等等。」

戴護額的男生舉手高聲說道：「您剛才說，員工都是具有多樣性的，對吧？那什麼是多樣性員工？對這些多樣性員工，我們又該如何管理呢？」

肯尼斯導師笑瞇瞇地說道：「這個嘛，且聽我慢慢道來。」

第二節　多樣化員工與多樣性管理

「大家都知道，隨著中國國內社會主義市場經濟的發展，社會生產方式也呈現出多樣化趨勢。」肯尼斯導師顯然對中國十分了解，說道，「為了與社會生產方式同步，企業就需要多樣化的員工。所以，如何吸引並發展多樣化的員工團隊，如何策略性地協調團隊人才，就成為各個企業管理者的重要工作。」

一個穿綠衛衣的女生舉手說道：「什麼是多樣化的員工呢？之前戴明導師跟我們講過如何『控制』各種性格的員工，您跟戴明導師講的是一樣的意思嗎？」

「當然不是了，孩子。」肯尼斯導師笑道，「戴明導師是從性格多樣化方面講控制，而我則是從更廣泛的多樣化方面講管理。畢竟員工的多樣化不僅體現在性格上，還體現在文化等各種方面。這樣吧，我先給各位講解一下什麼是多樣化的員工。」

「多樣化的員工，已經不僅僅指構成企業人力資源的各種員工了。」肯尼斯導師說道，「從員工個人角度看，他們自身也需要具備多樣才能，凸顯個性色彩。總而言之，我們可以用這樣一句話來描述多樣化的員工的管理內容——『一個企業中，所有員工在保證服從共同目標管理的前提下，具備多樣化的差異（如性別不單一、年齡多層次、能力多元化、氣質性格多樣），興趣正當、正面，且能與工作內容吻合，讓企業成為由年齡層次銜接完好、能力知識配套、心理包容性強、目標高度統一的員工組成的團體』。（如圖 15-1 所示）」

性別不單一、年齡多層次、能力多元化、氣質性格多樣的員工群體，能讓企業更有活力和創造力。

圖 15-1 多樣化的員工

杜偉男點點頭，確實，員工多樣化能為企業帶來更大的商業價值，也能讓企業在激烈的市場競爭中保持策略優勢。員工多樣化還能讓團隊更有創造力，從而為企業帶來更多的機會。

肯尼斯導師繼續說道：「各位可以想想，在一個企業中，員工多樣化意味著他們能應付各種不同的客戶及市場，這是提高企業核心競爭力的關鍵啊。」

「那，我們應該如何管理多樣化的員工呢？」戴護額的男生舉手問道。

肯尼斯導師喝了口咖啡，然後呷了呷嘴道：「首先，我們必須要樹立『以人為本』的管理理念。我知道，這句話在管理學界是老生常談了，尤其是在講求『以人為本』的中國，大家肯定也都耳朵聽到長繭了。但多樣性管理中的『以人為本』，可不只是讓你們了解員工、尊重員工那麼簡單。」

「我給大家舉一些國際著名企業的例子，大家就知道我是意思了。」肯尼斯導師笑瞇瞇地說道，「比如日本的本田，它的企業文化是『尊重個性，以人為本，實現創新，共享喜悅』；而摩托羅拉的企業文化則是『精誠公正，以人為本，實現本土化』。可見，各個企業都打出了『以人為本』的文化旗號，但具體內容卻不一樣。本田更看重個性創新，摩托羅拉更看重誠實公正。大家了解我想表達什麼了嗎？」

大部分同學都搖了搖頭。李彬好像知道肯尼斯導師的意思，但卻說不好，只好等著肯尼斯導師繼續往下講。

只見肯尼斯導師哈哈一笑，直白地說道：「每個企業都有看重的一點，比如有的企業看重努力，那麼，該企業的『以人為本』就是以努力上進的員工為本；有的企業看重創新，那該公司的『以人為本』就是以創新人才為本。這樣大家懂了吧？」

這次大家紛紛點頭，表示聽懂了。肯尼斯導師滿意地說道：「既然大家了解了這一點，那我就繼續往下講啦。除了『以人為本』外，企業還要構建多元化的文化，這樣才能滿足管理多樣化員工的需求。對了，馬克斯·韋伯導師給你們講過全球環境下的管理了吧？」

「講過啦！」大家紛紛回應道。

「那麼，大家都知道各國企業開始突破地區限制，紛紛走向國際舞臺了吧？可是，隨著舞臺的延伸，一些企業出現了文化不能兼容的局面，繼而出現文化多樣化趨勢。」肯尼斯導師頗為認真地說道，「最後，這樣的企業會轉化為多元化企業，其間包容了不同的文化，也包容了不同的管理思維。為了成功適應這樣的舞臺，管理者們就要讓自己的視野更加開闊，要對未來的多種可能性進行分析和判斷，形成『群體思維』。」

「是的，您說得對。」一位戴棒球帽的男士說道，「我是做跨國公司的，我們公司文化就相當的多元化，因為我們必須考慮到不同員工、不同團隊、不同組織間的碰撞，所以我們公司的企業文化必將是複雜的。」

肯尼斯導師點點頭道：「是啊，所以，你們要做的就是將管理體制中的偏見、矛盾等最小化。組織和團隊間也要相互借鑑，這樣才能構建多元化的企業文化。」

「肯尼斯導師，那我們應該如何對多樣化的員工進行多樣化管理呢？」一位女生小心翼翼地提問道。

「這個問題問得好。」肯尼斯導師笑瞇瞇地說道，「在我看來，企業如果想對多樣性員工進行多樣性管理，就要做到以下四個方面。」

「這第一個方面，就是管理者要具備開放的心態以及必要的溝通技巧。隨著企業國際化進程的加快，管理者必須要有渴望了解不同文化背景的意願，要喜歡跟人打交道。只有用這樣開放的心態去接受複雜的知識，才能讓不同背景的員工願意聽從你的安排。在這個基礎上，管理者要強化自己的溝通技巧。相信之前的導師已經給大家講過溝通了，那我在這裡也就不贅述了。總之，作為管理者，我們要充分了解不同的員工，也要讓員工們了解我們，這樣才能讓多種多樣的人聚在一起進行有效率的工作。」肯尼斯導師說道。

　　肯尼斯導師喝了口咖啡，繼續說道：「我們再說第二個方面，那就是管理者要採用多樣化的福利制度。相信之前的導師也給各位講過激勵制度了，裡麵包含物質獎勵和精神獎勵，對嗎？」

　　「是的，是弗魯姆導師講的！」大家紛紛回應道。

　　「哈哈，看來各位的記憶力都很好嘛。」肯尼斯導師滿意地笑道，「員工福利，其實說白了就是讓員工們感受到溫暖、安全感和歸屬感，它能有效地增強凝聚力與向心力，讓員工有更強的動力與活力去為企業奮鬥。但是，不同文化背景、不同職位、不同性格的員工對福利的渴求是不同的。我們需要按照弗魯姆導師講過的激勵方式，對不同的員工採取不同的獎勵方式，用多樣化的福利『套牢』員工。」

　　肯尼斯導師頓了頓，繼續說道：「這第三個方面，就是要針對多樣化的員工，採用多樣化的培訓方式。由於不同員工在技能構成上有較大的差異，所以管理者在員工的培訓方面要做到靈活安排，要充分利用各種教育資源，這樣才能提升培訓效果。整體來說，在針對多樣化的員工的培訓中，對老員工要堅持以業餘培訓為主，同時兼顧規範化培訓和適應性培訓；對新員工要堅持以規範化培訓和適應性培訓為主，同時兼顧業餘培訓。而且，在企業的發展過程中，管理者要及時對員工進行更新式培訓，以免與時代脫節。」

　　「第四個方面，就是要對多樣化的員工進行綜合性管理。」肯尼斯導師說道，「綜合性管理具體包括多樣化的激勵制度、多樣化的晉升管道、多樣化的薪酬構成等。不少企業還構建了員工的職業生涯設計，具體就是結合員工的意願、性格、教育程度、生活狀況等為其制定一個職業發展計劃，並且用一年的時間進行修正調整，讓員工具備在公司可持續發展的能力。」

看大家記錄得差不多了，肯尼斯導師愉快地拍了拍手，道：「對了，各位，你們有沒有發現最近市場上的勞動力大軍，跟之前相比有了很明顯的變化？」

第三節　勞動力大軍的進化史

「哎呀，這肯定有變化啊，變化簡直太大了。」一個皮膚黝黑的中年男子道，「我年輕的時候去工地看，那些工人不管是胖的、瘦的少說也能肩扛 300 斤。可是現在呢？這些小夥子們一個個看著很壯，可是扛 100 斤都費力，您說能沒變化嗎。」

大家都笑了，但想想也是，在這個時代，年輕一代勞動力的體力水準似乎真的很低。

肯尼斯導師笑瞇瞇地說道：「不僅是中國，美國其實也遇到過類似的事情。大家聽說過『劉易斯拐點』（Lewis turning point）嗎？」

劉易斯拐點？大家都露出了疑惑的表情，只有少數幾個人表示知道這個詞。

肯尼斯導師在白板上寫下「勞動力過剩 - 勞動力短缺」後，說道：「劉易斯拐點，其實就是一個國家從『勞動力過剩』到『勞動力短缺』的轉折。如大家所見，中國已經進入人口高齡化社會了。有誰知道高齡化會帶來什麼後果嗎？」

「知道！」

「會讓勞動力出現短缺！」

大家紛紛說道。

「沒錯。」肯尼斯導師肯定道，「在過去幾十年間，中國經濟突飛猛進的原因之一就是人口紅利。中國之所以能被稱作『世界工廠』，是因為它擁有大量的廉價勞動力。當中國走向高齡化社會後，就必將出現勞力成本攀升的現象，就像日本一樣。」

「您說的這點我們早就預見到了。」一位男士無奈道，「從 2004 年開始，我們國家的勞動力薪資出現大幅度上升，那個時候我就預見到劉易斯拐點出現了。我們公司下屬的幾個工廠都出現了不同程度的『勞工荒』，工人勞動力變得供不應求。」

「是啊。」肯尼斯導師感慨道，「中國的劉易斯拐點的出現其實是提前了，我也沒預料到貴國的人口紅利會過早消退。但仔細一想，其實這個劉易斯拐點也並非提早出現。因為農村人口流入城市的最初原因是城市收入高，但隨著城市房價、物價的飛漲，工人在城市的生存成本也變得更高，再加上無法落戶等問題，大部分工人都重新回到了農村。」

一位女士點頭道：「如果農村的城市化進程加快，且城鄉收入趨於一致，那又有誰願意背井離鄉跑到其他城市打拚呢？除非這個城市的潛力和機會非常大，就像北京和上海一樣。否則，企業能找到的也只有本地勞動力和一些應屆畢業生罷了。」

另一位女士也說道：「而且，農村缺乏規模效應，其生產率和經濟效率肯定比城市低了不少。我覺得，劉易斯拐點出現得過早其實不是件好事，但要讓我說出一個解決辦法，我也想不出來。」

肯尼斯導師笑著說道：「兩位女士的顧慮和考量都非常正確。其實，要解決這個問題也並非沒有辦法。我們只要加快城市化進程，讓城市與農村協同發展，同時促進農村產業轉型升級，讓勞動力從勞動密集型產業流向服務業和高新技術產業即可。」

「您說得對。」李彬點頭說道,「現如今,中國的農業勞動力紛紛轉向非農勞動力,農村勞動力也開始向城鎮轉移。從職業方面看,就像剛才那個大哥說的,現在的勞動力也從體力化向腦力化發展。就算沒有從體力化向腦力化發展,那低級體力勞動力也在向高級體力勞動力發展,低級腦力勞動力也在向高級腦力勞動力發展。」

一位穿米色西裝的男士說道:「你這一段話都讓我聽呆了。反正,我就知道過去是『人找工廠』,現在是『工廠找人』。我不知道別的工廠怎麼樣,反正我們工廠的管理宗旨就是留人才,只要對方有真才實學,我們會盡量滿足對方的求職需求。」

「不只你們,我們公司也是。」另一位男子說道,「我們開的招工條件很優渥了,但即便是在招工旺季,也經常出現招工難的狀況。之前我們國家的勞動力供給市場就像個取之不盡的大海,現在呢,感覺就是個蓄水池,勞動力正從無限供給變成有限供應。」

肯尼斯導師笑著說道:「是啊,不僅中國如此,全世界都是這樣的。而且,現在企業對勞動力的技能也有了越來越高的要求,還設置了諸如學歷、經歷等門檻,所以,勞動力大軍的進化之路其實也是企業為他們鋪就的。」

穿米色西裝的男子說道:「哎,現在的勞動力市場都是八年級、九年級的天下,他們跟上一代勞動力相比,有更加強烈的共享願望。但是他們雖然有能力,也想融入城市,可是卻買不起房子也無法落戶。所以,他們一直在爭取各方面待遇,並不急著求職。」

「是的。」肯尼斯導師點頭表示肯定道,「所以,他們也就更關注就業品質了。在對企業沒有信心前,大部分勞動力都不會選擇出手。(如圖15-2 所示)因此,各位管理者們依然要提升企業品質,這樣才能在用工成

本增加的今天發現人才、留住人才。」

　　大家都紛紛點頭，表示贊同肯尼斯導師的話。

　　「再給各位透露個消息吧，下堂課就是管理學的最後一堂了，給大家上課的是位很風趣幽默的導師，大家可以期待一下。那麼，好！下課！大家再會！」肯尼斯導師說完，衝著臺下揮了揮手。同學們不捨地拍著手，用最熱烈的掌聲歡送這位頗有魅力的管理學家。

圖 15-2 勞動力市場的有限供應

第十六章
羅伯特 · 坦南鮑姆導師主講「領導者行為」

本章透過四個小節，講解了羅伯特·坦南鮑姆的領導者行為管理理論的要點。在羅伯特·坦南鮑姆看來，領導者是企業的主心骨，其行為對管理企業具有重大意義。為了幫助讀者更好地理解羅伯特·坦南鮑姆的領導者行為管理學，作者將羅伯特‧坦南鮑姆的觀點熟練掌握後，又以幽默詼諧的方式呈現給讀者。對領導者行為管理有興趣的讀者，本章是不可錯過的部分。

羅伯特‧坦南鮑姆

　　（Robert Tannenbaum, 1915-2003），美國著名企業管理學家，領導者行為連續體理論的提出者。羅伯特‧坦南鮑姆曾在美國芝加哥大學攻讀並獲得博士學位，在長期擔任人才系統開發教授時，他開始為美國及世界範圍內的企業提供廣泛的諮詢服務。在領導者理論方面，羅伯特‧坦南鮑姆提出了富有創見的連續分析方法，他和沃倫‧施米特合著的《如何選擇領導模式》，也是業內一部著名的管理學專著。

第一節　有魅力的領導風格

　　終於到了最後一堂課，杜偉男和李彬早早便收拾好，梁歡和紀天敬也穿了正裝，一行人頗為隆重地來到了 R 大禮堂。

　　可能因為是最後一堂課，禮堂裡的學生們看上去也特別嚴肅。四人找到一處離講臺近的地方坐下，剛坐定，就有一位面帶微笑的西方男子走上了講臺。

　　只見他滿面春風，笑意盈盈地跟大家打了個招呼：「嗨，各位，大家晚安。今天是最後一堂管理學課了，而我是今天的管理學導師 —— 羅伯特‧坦南鮑姆。今天我們的課程內容是領導者行為管理。」

　　「領導者行為管理？是說主管的行為要優良，不能出什麼問題嗎？」一位男士問道。大家聽完都笑了，現場氣氛也活躍了一點。

　　羅伯特導師也笑著說道：「當然，你說的這個也算領導者行為管理的一方面，但我們要說的不止這些，還有主管在公司中的管理行為。畢竟在

現代社會中，各級主管都會對工作提出新的要求，員工在主管的要求下往往會感覺力不從心。所以，把管理方法、經驗上升為科學，就成為主管們必須研究的現實課題。」

「您說得對，我十年前開了一家公司，現在規模不大不小，但比較穩定。我特別喜歡看企業家們的管理故事，也想效仿他們做一個有魅力的主管，但卻不知道從何處下手。」一位穿格子襯衫的中年男子說道。

羅伯特導師點了點頭道：「是啊，在企業中，那些優秀主管的作風和能力都是非常值得借鑑的。我在研究了大量成功主管的案例後，發現他們出類拔萃是有原因的，因為他們具備一些特殊的領導作風及能力。」

「比如呢？」穿格子襯衫的男子迫不及待地問道。

「比如言出必行就是一項非常有魅力的領導者行為。」羅伯特導師笑瞇瞇地說道。

只見穿格子襯衫的男子露出了微微失望的樣子，說道：「啊？言出必行在我們國家是老生常談了，還有沒有別的魅力啊？」

羅伯特導師微微一笑道：「不僅在中國，言出必行在世界範圍內都是有名的。但是我們可以想想，大家都知道言出必行是有魅力的行為，但又有幾個人能做到呢？」

李彬點了點頭，確實，中國自古以來便有「商鞅變法，立木求信」「人無信不立，國無信不國」這樣的說法，可見「言出必行」對於管理者來說非常重要。

羅伯特導師說道：「我們把『言出必行』分開來看，『言出』指的是承諾，也是領導給員工們畫的大餅；『必行』是行動，是讓員工們吃到大餅的行為。（如圖 16-1 所示）如果領導只會『畫餅充飢』，那員工只能

因為飢餓和被欺騙而憤懣離開。我們不能把老闆比作皇上，但老闆作出的承諾一定要說到做到，不管是『我要幫你加薪』，還是『再遲到就處罰你』，都要付諸行動，這樣才能對創立企業和發展企業造成至關重要的作用。」

有魅力的領導者，就是要做到言出必行。不管是處罰，還是獎勵，只要說出口，就要兌現「承諾」，否則就會給員工留下「輕浮」、「不守信」等印象。

圖 16-1 什麼是有魅力的領導者

穿格子襯衫的男子「噢」了一聲，說道：「明白了。也是，在企業中，我們作為主管，一舉一動都被員工看在眼裡，也是員工們評論的對象。為了讓他們不在背後說我壞話，我也得做到言出必行啊。」

大家聽完都笑了，確實是這樣的道理。

羅伯特導師笑著說道：「是啊，主管不能輕易作出承諾，也不能隨便發號施令。因為他們不只是主管，同時也是企業的形象代表。如果主管失信於員工，就會失去民心，失去員工的擁護，也失去員工對他的尊重。因此，身為主管，一定要做到『言出必行』。」

一位穿著白色正裝的女士說道：「是啊，我在管理公司時就很注意『謹言慎行』，因為這也是尊重員工的一種體現。如果我經常失信於員

工，那我的話就沒有了分量。以後我在管理公司的時候，不管是獎是罰，員工們都會抱著『反正她也就是隨口一說』的心態，有錯的下次還會再犯，有功的也不會再次努力。就算員工做得好被我誇獎，他們也會覺得我是在『畫大餅』。」

「你做得對，女士。」羅伯特導師說道，「所以，各位主管在管理公司時，一定要本著『少開金口，言出必行』的原則，這樣才能讓自己的話有分量，才能成為員工心中有魅力的主管。」

「除了言出必行外，還有什麼其他的有魅力行為嗎？」穿格子襯衫的男子問道。

「當然，不過，這個魅力點同言出必行一樣，說起來容易，做起來卻難啊。」羅伯特導師神祕地說道，「這個魅力點就是 —— 勇於承認自己的錯誤。」

一聽到承認錯誤，在場不少人都面露難色。

一位捲髮男士撓了撓頭，有些為難地說道：「您剛才用皇上跟老闆作了比較，我也想把二者比較一下。古時候，中國有皇帝『知錯改錯但不認錯』一說，我覺得一個公司的老闆也是如此。你要是向員工們承認自己錯了，那你就沒有威信可言了。」

「不，你的擔心恰恰是多餘的。」羅伯特導師豎起一根食指搖了搖，說道，「相反，只有老闆自己敢承認錯誤，員工才敢指出公司管理方面的不足，企業才有可能避免策略決策方面的失誤。美國管理界有這樣一句話，叫『老闆生病，員工吃藥』，各位都聽說過嗎？」

大家紛紛搖頭，羅伯特導師繼續說道：「這句話其實是針對一些成功的小型企業的老闆的。因為他們過去的成功會讓其產生盲目的自信，當企業出現問題時，他們不會從自己身上找問題，潛意識裡也不覺得自己有缺

點。所以，每當問題出現時，他們都會有意無意地從別人身上找原因。這對創新思維的產生極其不利，同時也會加大老闆在決策方面出現失誤的機率。不願意承認錯誤的老闆，就會造成企業內的問題無法正確解決，甚至會影響到企業的生存。」

說完，羅伯特導師又對大家說道：「請各位想一想，如果你們是員工，現在有一個做錯了卻不認錯的老闆帶領你們，那你們發現問題後還敢指出老闆的過錯嗎？」

「我肯定不會。」一位戴金絲眼鏡的女士說道，「很不幸，我的老闆就是這樣的人。有時候，明明是他的決策出現失誤，但『黑鍋』總要我們這些高階主管來背。他對員工們也是一樣的，只要公司業績下滑，所有員工就要多工作少拿錢。不僅如此，他還要對員工們冷嘲熱諷，認為是他們能力不夠。如果有人敢給他提意見，或者當面指出他的過錯，他就會在工作中扯對方後腿。就這樣，我們公司的人員流失率很高，我也準備年後跳槽了。」

「噢，這真是太糟糕了。」羅伯特導師聳了聳肩膀，「我也勸你趕快跳槽吧，畢竟有老闆如此，這個公司的前景也不會太好。」

大家都若有所思地點了點頭。穿格子襯衫的男士舉手問道：「對了，羅伯特導師。那照您看來，什麼樣的行為才是最好的領導者行為呢？」

「若說最好，其實沒有最好，因為每個公司都有自己的獨特性，這個世界上沒有哪一種管理方法是通用的，大家必須學會使用複雜的管理方法。」羅伯特導師說道，「不過，我倒是可以給各位說一下，什麼樣的領導者行為才是合適的。」

第二節　領導者行為，就存在於威嚴與親和之間

　　聽完羅伯特導師的話，大家的興致都被提起來了，畢竟這是一個提高領導者魅力行為的重要機會，在場的老闆和高階主管們都豎起了耳朵仔細聆聽。

　　羅伯特導師在白板的左邊寫下了「威嚴」，右邊則寫下了「親和」。他站在兩個詞中間，滿面春風地說道：「剛才不少同學都透露『作為一名主管，要時刻保持威嚴』，你們說的其實有道理，因為威嚴確實是領導者管理中的一點。當然，我這麼說並非是讓大家板著臉，而是要讓大家掌握好威嚴和親和間的距離。」

　　「您是說，太過親和也不好嗎？拿我來說吧，我就比較喜歡跟員工們推心置腹。」一位臉圓圓的女士說道。

　　羅伯特導師搖了搖頭道：「親和並不是說越能跟員工們打成一片就越好。我也見過不少選擇跟員工稱兄道弟的老闆，但造成的後果就是主管在發布命令的時候沒人願意聽從。因此，為了樹立老闆的權威、管理好員工，掌握好上下級交往的關係是十分重要的。」

　　「怎麼看自己是否踰越了尺度呢？」圓臉女士疑惑地問道。

　　羅伯特導師略一思索，說道：「各位，請你們思考一下，自己是否時常與員工一同出入各種社交場所？是否對大部分員工都無話不談？在公眾場合，各位的員工是否經常與你們稱兄道弟？」

　　羅伯特導師的話剛說一半，就有不少人紛紛點頭。

　　羅伯特導師一臉嚴肅道：「哎，各位同學，如果出現了上述的幾種情況，那麼，你的上下級關係就已經亮起危險的號誌了。此時，管理者應當立刻採取行動，與自己的員工保持適當的距離，不能過從甚密。你們中國

不是有句話叫『距離產生美』嘛，跟員工保持適當的距離還是有好處的，就算老闆再親民，再民主，也要保持在員工心目中的威嚴啊。」

「是啊。」剛才那位穿格子襯衫的男子說道，「你想想，如果你跟員工們打成一片，讓人家把你當朋友了。那他們有事請假，你又不想給假的時候，怎麼辦？以朋友的身分？人家有事你總不能不讓人家請吧？以老闆的身分拒絕，人家又會在背後說你虛情假意。所以啊，還是跟員工們保持一定距離的好。像我這樣的老闆，最怕的就是我把他們當員工，他們卻把我當朋友，這樣就會讓我覺得很難下命令，畢竟朋友是不能命令的。」

「你說得對。」羅伯特導師攤手道，「其實，管理者與員工之間的距離本就不好掌握，如果距離太遠，就會喪失親和力，讓下屬敬而遠之；如果距離太近，則容易喪失威嚴，影響工作，甚至會招來非議。（如圖16-2所示）比如你前期一直把員工當朋友，但公司出現問題，你需要命令大家辦事時，他們就會在背後議論『老闆這是怎麼了？之前還跟我有說有笑的，還跟我一起吃飯，今天就把我叫到辦公室訓了一頓，叫我做這做那的，真不知道他是怎麼想的』。」

看著大家若有所思的樣子，羅伯特導師又講了這樣一個故事。

法國戴高樂將軍有一個座右銘，叫「保持一定距離」。這個座右銘，也深刻影響了戴高樂將軍與其顧問和智囊團之間的關係。在他十幾年的總統生涯中，縱觀所有與他合作過的人，包括祕書、參謀和辦公廳工作人員等，沒有一個員工的工作年限能超過兩年。

戴高樂將軍曾對新任的辦公廳主任說：「我只能聘用你兩年，所以，就像參謀部的員工不能以這項工作為職業一樣，你也不要把辦公廳主任當成自己的職業。」

圖 16-2 注意你的「親密行為」

　　不僅如此，即便是新人，戴高樂將軍也不跟他們任何一個人有工作之外的往來。他跟所有人的交往都是有距離的，而且都是相等的距離，沒有親疏之分。因此，有些員工犯了錯，或者想找他辦事，他都會秉公處理，絕對不徇私枉法。在戴高樂將軍任職期間，他的幕僚們也是最奉公守法的。

　　聽完這個故事，大家都紛紛擊掌稱妙，嘖嘖讚嘆不已。圓臉女士說道：「啊？那戴高樂將軍不跟下屬交往，平日會不會寂寞啊？會不會影響下屬的執行力啊？身為將軍，還是總統，不培養幾個心腹可以嗎？」

　　羅伯特導師笑著說道：「不跟下屬交往，並不代表他不關心下屬。相反，他給下屬們的待遇很優厚。大家可以想想，如果一個老闆既想當下屬的哥兒們，又想當大家的老闆，那結果只能是哪種角色都扮演不好。員工會對老闆的這種『兩面派』行為懷恨在心，大家的整體效率也不會獲得提升。」

「那，我應該如何掌握威嚴與親和之間的關係呢？換句話說，身為主管，我究竟應當怎樣處理與員工之間的關係呢？」圓臉女士認真地問道。

「要想正確掌握威嚴與親和之間的關係，我們需要做到以下三點。」羅伯特導師說道，「第一點就是不要介入員工間的是非長短，也不要跟員工有過多的閒聊。很多時候，你根本不知道誰是對的，誰是錯的。如果你貿然插手員工間的關係，就會讓員工覺得『親疏有別』。『親近者』容易忽略你的命令，『疏遠者』容易對你心生怨懟。」

「噢，我確實喜歡充當員工之間的問題調解員的角色，看來以後一定要注意這點。」圓臉女士恍然大悟道。

「是啊，俗話說『清官難斷家務事』嘛，以後這些事你還是少插手為妙，可以讓人事部和其他同事們充當調解員的角色。」羅伯特導師說道。

「那第二點呢？」大家紛紛問道。

「第二點就是要召集員工開會。」羅伯特導師說道，「像這位女士一樣已經給員工樹立『朋友意識』的領導者，要專門召開一場員工大會，用誠懇的語言來表明自己作為一名主管的堅定立場。員工如果在某些方面做出讓主管無法接受的行為時，主管需要用威嚴來讓員工知道，什麼才是員工和主管之間該有的關係。」

圓臉女士聽得頻頻點頭，那個架勢似乎是等不及要回去召開員工大會似的。

羅伯特導師喝了口咖啡，繼續說道：「第三點就是不要與員工的關係過於親密。在企業中，哪個主管都難免有一兩個特別欣賞的員工。但如果主管跟這部分員工過於親密，就會讓其他員工心生不滿。有時候，這些表現好的員工因為自己的能力獲得獎勵，反而會被其他員工看成『走後門』得到的獎勵，這樣對員工們的團結度和凝聚力都不好。」

看著大家都記得差不多了，羅伯特導師笑意盈盈地說道：「總而言之，主管在保證親和力的基礎上，也要維護自己的威嚴，這樣才能更好地管理員工。不過，還有一個影響主管權威的因素，那就是 —— 自由度。」

第三節　影響領導權威的是自由度

「自由度？什麼意思，是要對員工實行『放養』嗎？」穿格子襯衫的男子疑惑地說道。

大家都笑了，這個穿格子襯衫的男子還滿幽默，不過，羅伯特導師說的『自由度』到底是什麼意思呢？

只見羅伯特導師閉上眼睛，搖頭晃腦，唸唸有詞道：「在老子的《道德經》中，有這樣一段話 —— 太上，不知有之；其次，親而譽之；其次，畏之；其次，侮之。信不足焉，有不信焉。悠兮，其貴言。功成事遂，百姓皆謂『我自然』。」

大家聽得更傻眼，什麼玩意兒？什麼叫「我自然」？

羅伯特導師睜開眼睛，看著大家一臉呆的表情有些恨鐵不成鋼地說道：「哎，這可是你們國家的經典名著《道德經》啊，大家都不知道嗎？」

一位女生怯怯地說道：「導師，這個文言文的我們確實聽不懂。其實，中國古代也不是所有人都說文言文的，大多都是說文言白話文的。」

羅伯特導師臉一紅，連咳了兩聲，說道：「哎，先不管那個，我的意思是，《道德經》裡的這句話很適合我們今天說的領導者行為管理學。我把這句話用管理學語言簡單解釋一下，就是 —— 最好的領導者，通常不

會讓員工們感覺到自己的存在；次一等的領導者，員工們會稱讚他並且與他親近；再次一等的領導者，員工們會對他產生畏懼心理；最末等的領導者，員工們都會對他表示輕蔑與不屑。當管理者不講誠信時，員工們都不會信任他。最好的領導者很少發號施令，但員工們卻能把事情辦得很好，如果有人問員工們，員工們都會說『我們本來就應該這樣做呀』。」

大家恍然大悟。一位蓄著鬍子的中年人說道：「這就跟武俠小說中說的一樣，高手通常是『此處無招勝有招』唄？領導者的最高境界，就是不用管理，大家也能自覺地把工作做好？」

「沒錯。」羅伯特導師滿意地說道，「最高明的主管不會在員工們面前『刷存在感』。也就是說，不管主管在不在公司，在不在職位上，員工們都能做到主管在與不在都一樣，都能積極、主動地工作，這才是領導者行為管理的最高境界。」

「可是，這談何容易啊。平時我在公司裡盯著，大家還要想方設法地偷懶呢，我要是不在公司，他們還不鬧翻天啊。」鬍子男皺著眉頭說道。

羅伯特導師搖了搖頭道：「不是，是你的方法不正確。當然，這也不能說你的領導行為有錯，畢竟這種『無為而治』的境界不是誰都能達到的。但是，聽了我的課，你想達到這種高手境界也並非不可能——」

羅伯特導師故意拉長了話音。果然，大家的耳朵都豎了起來，生怕漏掉了什麼細節。

「我給大家三個條件做『無為而治』的前提——第一是領導者的個人管理素養；第二是授權行為；第三是員工的自我管理能力。」羅伯特導師高聲說道。

「我們先看第一條，領導者的個人管理素養。」羅伯特導師強調道，「只有領導者的個人魅力足夠強大，才能讓大家心甘情願地跟隨他。所

以，主管必須憑藉自身的誠信，來獲得員工對自己的信任和擁護。只有這樣，員工才會樂於聽命，即便主管沒有發號施令的行為，員工也樂意追隨他，真正願意做到『主管在與不在都一樣』。這就是領導者『非權力性的影響力』。」

圓臉女士點了點頭道：「我也最擔心這個問題，我怕我一不在公司大家就玩翻了。所以，我想從親和力方面抓住員工的心，沒想到還是出了問題。」

「現在糾正也不晚。」羅伯特導師安慰道，「其實，你也可以借鑑第二條，就是學會授權。之前導師給大家講過授權的重要性了吧？因為領導能力即便再強，也無法控制所有的事情，更無法制定全部決策。當主管嘗試控制所有事情時，通常會得不償失，既把事情做得效率低下，又會給其他員工添亂。因此，主管最好下放權力給自己的下屬去執行，而且基層的員工和管理者，可能要比企業領導更加了解情況。」

「是的，法約爾導師已經講過授權內容了。」

「亨利導師也提到過。」

大家紛紛說道。

羅伯特導師點點頭，繼續說道：「主管學會正確而有效的授權，非但不會削弱自己的權力與地位，還可以讓員工創造出更科學、更出色的解決方案。通常情況下，主管不能正確對員工進行授權的主要因素有對員工的能力不信任、對自己的職權地位看得太重、過高估計自己的能力與重要性等。」

穿格子襯衫的男子說道：「也就是說，主管不能正確授權的原因，是管理者對管理的作用與方法缺乏正確認識，對嗎？」

「是的。」羅伯特導師贊同道,「最後一點,就是員工的自我管理能力要高,只有培養員工的自我管理素養,領導者考慮無為而治。老闆的思維屬於策略思維,而員工的思維是追隨性思維。領導者需要站在全局角度,綜合性地考慮問題。只有或選擇或培養擅長自我管理的員工,才能恰當地處理企業協調問題,才能發揮員工潛力,讓員工們真正做到『老闆在與不在都一樣』。」

杜偉男點了點頭道:「您說得對,我們這些做老闆的,確實應該利用好下屬心理,同時注意自己的領導者行為,這樣才能對下屬造成潛移默化的作用。」

羅伯特導師笑著說道:「我的課程能對你們有所幫助,這是最好不過的事情了。好了,各位,中國有句老話叫『天下無不散之筵席』,我們也該說再見了。希望我的課程能對各位有所幫助,也祝願大家越來越好,各位晚安!」

大家立刻站起身來,用最熱烈的掌聲送別羅伯特導師,掌聲經久不息。

在十六堂管理學課程中,李、杜二人既收穫了管理學知識,還收穫了愛情。而正在看這本書的你呢,又有哪些收穫與心得?

管理學哪有這麼雞肋：

計件薪資得不償失？失控員工消極怠工？十六位管理學大師用最詼諧的語言制止老闆親力親為

作　　者：張楠

發 行 人：黃振庭

出 版 者：崧燁文化事業有限公司

發 行 者：崧燁文化事業有限公司

E-mail：sonbookservice@gmail.com

粉 絲 頁：https://www.facebook.com/
　　　　　sonbookss/

網　　址：https://sonbook.net/

地　　址：臺北市中正區重慶南路一段六十一號八
　　　　　樓 815 室

Rm. 815, 8F., No.61, Sec. 1, Chongqing S. Rd.,
Zhongzheng Dist., Taipei City 100, Taiwan

電　　話：(02)2370-3310

傳　　真：(02)2388-1990

印　　刷：京峯數位服務有限公司

律師顧問：廣華律師事務所 張珮琦律師

-版權聲明

定　　價：399 元

發行日期：2023 年 09 月第一版

◎本書以 POD 印製

國家圖書館出版品預行編目資料

管理學哪有這麼雞肋：計件薪資得
不償失？失控員工消極怠工？十六
位管理學大師用最詼諧的語言制止
老闆親力親為 / 張楠 著 . -- 第一版 .
-- 臺北市：崧燁文化事業有限公司，
2023.09
　面；　公分
ISBN 978-626-357-580-6(平裝)
1.CST: 管理科學
494　　　112013058

電子書購買

臉書